建筑电气智能化设计

王子若　编著

中国计划出版社

北京

图书在版编目（CIP）数据

建筑电气智能化设计 / 王子若编著. — 北京 ： 中国计划出版社，2021.1
ISBN 978-7-5182-1265-1

Ⅰ．①建… Ⅱ．①王… Ⅲ．①智能技术－应用－房屋建筑设备－电气设备－建筑设计 Ⅳ．①TU85-39

中国版本图书馆CIP数据核字(2021)第026047号

建筑电气智能化设计
JIANZHU DIANQI ZHINENGHUA SHEJI
王子若　编著

中国计划出版社出版发行
网址：www.jhpress.com
地址：北京市西城区木樨地北里甲 11 号国宏大厦 C 座 3 层
邮政编码：100038　电话：（010）63906433（发行部）
北京天宇星印刷厂印刷

850mm×1168mm　1/16　12.5 印张　1 插页　293 千字
2021 年 1 月第 1 版　2021 年 1 月第 1 次印刷
印数 1—1500 册

ISBN 978-7-5182-1265-1
定价：48.00 元

近年来，随着我国对于智慧城市、智慧建筑的高度重视，建筑智能化设计的重要性愈发彰显，建筑工程建设方也已将其作为建筑设计的亮点进行重点关注。

原本建筑智能化设计属于建筑电气设计的一部分，称为弱电设计。但随着时代的发展，科学技术的突破，我们正在开启智能时代的大门，弱电设计从基础知识、技术发展、设计思路三方面都逐步独立于传统的电气设计之外，形成了一个单独的设计分支，称为智能化设计。

我在国内知名大型设计院从事建筑电气设计工作多年，熟练掌握电气专业知识、规范、设计方法，并在新兴的 BIM 领域有所建树，随着对建筑电气设计工作的理解不断加深，经验不断积累，电气知识不断探索，愈发感到智慧建筑正是建筑电气行业的未来。

我本着"授人以鱼不如授人以渔"的思想编写本书，将多年的设计和施工配合经验加以总结与梳理，结合实际工程设计图纸，深入浅出地剖析智能化设计，旨在帮助读者掌握建筑智能化理论知识，熟悉设计规则，理清设计思路，培养一种思考问题的方法。本书共分8章，每章的主要内容如下：

第1章介绍建筑智能化设计概念，讲解设计深度含义，分析设计图纸类型；针对电气专业弱电设计深度和智能化专项设计深度进行对比讲解；列举智能化专业相关规范及图集，总结智能化包含的系统。

第2章介绍图纸目录的意义及内容，讲解设计和编写方法。

第3章介绍设计说明和技术需求书的编写方法，并举例讲解每段文字编写的意义及注意事项。

第4章介绍图例的意义及内容，讲解设计和编写方法。

第5、6章介绍信息能源设计图的设计方法和安全防范设计图的设计方法。由基础知识及技术原理、平面图设计、系统图设计三部分组成，结合规范逐一剖析具体设计步骤和思路。

第7章介绍详图的设计，以机房工程为主，包括配电等设计内容。

第8章介绍设备清单的设计。结合书中各章所举实例，针对性总结得到设备清单，再结合技术原理讲解每项设备的列写方式、计算方法、重要参数标注等内容。

本书严格按照智能化设计的工作模式划分章节。遵从智能化设计图纸分类方式，分为图纸目录、设计说明和技术需求书、图例、信息能源设计图、安全防范设计图、详图、设备清单七部分内容，将智能化各系统按设计图纸类型划分到各章节内，并按最先进的设计理念，结合现有的多种产品结构形式，剖析各系统设计方法。书中结合多种工程实例，讲解智能化设计中各类系统的设计方法，具有指导性。智能化设计内容庞大、复杂，且产品更新速度较快，不是依靠某一本书能够完全讲解清楚的，需要读者以本书为基础，配合设计规范、技术措施、图集、厂家技术样本、实际工程图纸等加以理解，与时俱进。望本书可以帮助到广大的建筑电气工程行业朋友，起到启发和指导作用。

　　本书编写依托本人工作中的切身体会及个人见解，难免存在不足之处，诚恳希望读者多提宝贵意见，欢迎读者通过 QQ 群（172875173）与我交流，共同探讨，共同进步。

王子若

2021 年 1 月

目录

第1章 总 述

1.1 概述

目前，建筑智能化已经成为建筑行业发展的新方向、新重点。住房和城乡建设部于2017年1月1日起实施《建筑工程设计文件编制深度规定》（2016年版）（以下简称《深度规定》），该规定中已明确将智能化设计作为单独的专项进行要求，并重新确定了施工图设计中弱电的设计深度。

2017年以前，弱电设计由设计院施工图阶段完成，施工单位按照图纸完成预留预埋工作。同时，经济专业按照图纸完成概算，由施工总包或业主根据概算完成招标工作，中标的弱电总包进行深化设计工作，以确保图纸与所使用厂家产品形式一致，达到施工标准。这种传统工作模式的弊端在于，设计图纸不包含设备清单，无法提供具体参数及各机房内的具体设备统计，导致经济专业只能按照弱电设计施工图完成概算，大量系统需按暂估项列项，无法提供精确的预算。因此，众多专家在《深度规定》中，明确将弱电设计纳入传统的电气专业设计范畴，并将设计深度做了明确要求，剔除了原有大量不必要的工作，将建筑智能化设计列在专项设计中，对智能化专项设计做出具体且细致的要求，保证其可以满足招标预算精确计算的要求。

建筑智能化专项设计在《深度规定》中有明确的设计要求，可以大体概括为：方案设计、初步设计、施工图设计、深化设计四个阶段。方案设计需要提供设计说明书、系统造价估算；初步设计需要提供设计说明、图纸目录、设计图纸（仅为系统框图和技术用房布置图）、系统概算；施工图设计需要提供封面、设计说明、图纸目录、设计图、点位统计表、预算、设备清单、技术需求书；深化设计是弱电施工总包或中标厂家依据原设计图纸结合自身企业产品进行的技术调整设计，需要设计院配合业主进行图纸审核及确认。

依据《深度规定》的要求，建筑智能化设计出现两种工作模式。一种是由传统电气专业完成施工图深度的弱电设计，此时土建条件已大体确定，建筑智能化专项设计开始设计工作，智能化设计的方案设计、初步设计已由前端设计院完成，智能化设计直接进入智能化施工图设计阶段。另一种是在设计初期已明确弱电由建筑智能化专项设计负责，此时智能化设计应配合施工图设计单位，按照时间进度完成方案设计、初步设计、施工图设计各阶段的进度要求。

本书按照最完整的智能化施工图设计进行编写，设计文件共包括图纸目录，图例，技术需求书（含设计说明内容），设计图（含详尽的平面图、系统图、大样图），设备清单（含点位统计表）。方案设计、初步设计的具体内容达到《深度规定》的要求即可。另外，方案设计中的系统造价估算、初步设计中的系统概算、施工图设计中的预算，均由经济专业完成。

1.2　电气专业施工图设计深度

在《深度规定》中，电气专业关于弱电的方案设计、初步设计、施工图设计内容都进行了再定义，相对完成更具指导意义的工作。以要求最高的施工图设计阶段为例，其要求完成弱电设计说明（仅写明设计概况，系统供电、防雷及接地等要求，以及与其他专业设计的分工界面、接口条件）和各系统设计（仅包括系统框图、干线桥架走向平面图、竖井布置分布图）。以图1-1和图1-2为例，系统框图是概括性原理图，不具备工程的具体适应性，干线桥架走向及竖井布置分布平面图只表达桥架走向及弱电间的布置，确保建筑内线路路由畅通及设备摆放合理。简而言之，要初步确定所包含的弱电系统，并明确各系统的要求，进而针对这些系统配合完成土建、水暖、通风、供电等一次施工到位的需要，为施工后期介入的智能化专项设计预留相关条件，具体设计内容可以参考强电类设计相关书籍，本书不再赘述。

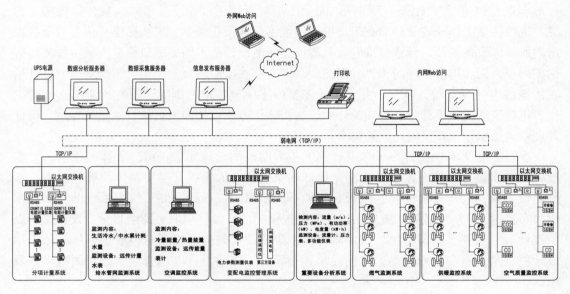

图1-1　系统框图

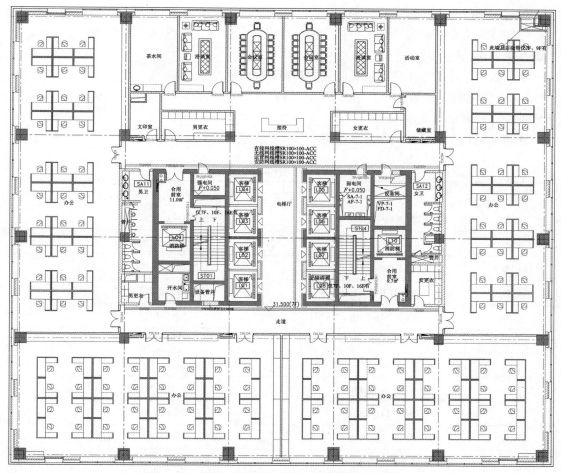

图1-2　干线桥架走向及竖井布置分布平面图

1.3　智能化标准、规范和图集

1.3.1　标准、规范

　　与建筑智能相关的标准、规范是建筑智能化行业唯一具有法律效力的规定。标准共分为国家标准（GB）、行业标准（JGJ）、地方标准（DB）三类，各自还有相应的推荐标准。三者的执行等级依次减弱，设计需满足所有标准、规范的要求。但是，当不同级别标准条文内容相悖时，优先满足高级别的标准。当同等级标准条文内容相悖时，优先满足新版的标准。

　　标准通常分为条文（含术语）、条文说明两部分。

　　1）条文是标准的主要部分，是描述设计做法的文字性说明，设计师根据条文进行设计工作。条文包含强制性条文，含"应"字的条文，一般性条文，含"宜"字的条文四种，其执行的重要程度应按此顺序执行。值得注意的是，含"宜"字的条文表示最好执行，但有困难时可不执行。

强制性条文是必须遵守、不可违背的。在设计行业内，内审或外审都以此作为质量把控的基础要求。

术语是对于标准中出现的特殊名词的解释，需注意掌握理解。

2）条文说明是对条文的文字性说明，解释其做法等。条文说明不具备法律效力，但可辅助设计师理解条文。

建筑智能化专业经常使用的现行标准、规范见表 1-1~ 表 1-3。

表 1-1　常用标准、规范

标准类型	标准号	标准名称
国标	GB/T 50504-2009	民用建筑设计术语标准
国标	GB/T 50001-2017	房屋建筑制图统一标准
国标	GB/T 50786-2012	建筑电气制图标准
国标	GB/T 4728.1~13	电气简图用图形符号
国标	GB/T 50103-2010	总图制图标准
国标	GB 50352-2019	民用建筑设计统一标准
国标	GB 51348-2019	民用建筑电气设计标准
国标	GB 50314-2015	智能建筑设计标准
国标	GB 50311-2016	综合布线系统工程设计规范
国标	GB/T 50200-2018	有线电视网络工程设计标准
国标	GB 50348-2018	安全防范工程技术标准
国标	GB 50395-2007	视频安防监控系统工程设计规范
国标	GB 50198-2011	民用闭路监视电视系统工程技术规范
国标	GB 50396-2007	出入口控制系统工程设计规范
国标	GB 50394-2007	入侵报警系统工程设计规范
国标	GB 50763-2012	无障碍设计规范
国标	GB 50526-2010	公共广播系统工程技术规范
国标	GB 50371-2006	厅堂扩声系统设计规范
国标	GB/T 50115-2019	工业电视系统工程设计标准
国标	GB 50524-2010	红外线同声传译系统工程技术规范
国标	GB 50635-2010	会议电视会场系统工程设计规范
国标	GB 50799-2012	电子会议系统工程设计规范
国标	GB 50174-2017	数据中心设计规范
国标	GB 50464-2008	视频显示系统工程技术规范

续表 1–1

标准类型	标准号	标 准 名 称
国标	GB 50343–2012	建筑物电子信息系统防雷技术规范
国标	GB 50373–2019	通信管道与通道工程设计标准
国标	GB 50260–2013	电力设施抗震设计规范
国标	GB 50038–2005	人民防空地下室设计规范

表 1–2　针对建筑特点的标准、规范

标准类型	标准号	标 准 名 称
国标	GB 50096–2011	住宅设计规范
国标	GB 50368–2005	住宅建筑规范
行标	JGJ 242–2011	住宅建筑电气设计规范
行标	JGJ 450–2018	老年人照料设施建筑设计标准
国标	GB 50099–2011	中小学校设计规范
国标	GB 50156–2012	汽车加油加气站设计与施工规范（2014年版）
国标	GB 50333–2013	医院洁净手术部建筑技术规范
国标	GB/T 50939–2013	急救中心建筑设计规范
国标	GB 50881–2013	疾病预防控制中心建筑技术规范
国标	GB 50826–2012	电磁波暗室工程技术规范
国标	GB/T 50636–2018	城市轨道交通综合监控系统工程技术标准
行标	JGJ 31–2003	体育建筑设计规范
行标	JGJ/T 179–2009	体育建筑智能化系统工程技术规程
行标	JGJ 36–2016	宿舍建筑设计规范
行标	JGJ 38–2015	图书馆建筑设计规范
行标	JGJ 48–2014	商店建筑设计规范
行标	JGJ 57–2016	剧场建筑设计规范
行标	JGJ 62–2014	旅馆建筑设计规范
行标	JGJ/T 67–2006	办公建筑设计标准
行标	JGJ 176–2009	公共建筑节能改造技术规范
行标	JGJ 218–2010	展览建筑设计规范
行标	JGJ 243–2011	交通建筑电气设计规范
行标	JGJ 284–2012	金融建筑电气设计规范

续表 1–2

标准类型	标准号	标准名称
行标	JGJ 310–2013	教育建筑电气设计规范
行标	JGJ 312–2013	医疗建筑电气设计规范
行标	JGJ 333–2014	会展建筑电气设计规范
行标	JGJ/T 41–2014	文化馆建筑设计规范
行标	JGJ/T 60–2012	交通客运站建筑设计规范
行标	JGJ 39–2016	托儿所、幼儿园建筑设计规范（2019年版）

表 1–3　施工与验收标准、规范

标准类型	标准号	标准名称
国标	GB 50300–2001	建筑工程施工质量验收统一标准
国标	GB 50303–2002	建筑电气工程施工质量验收规范
国标	GB/T 50328–2001	建设工程文件归档规范（2019年版）
国标	GB 50606–2010	智能建筑工程施工规范
国标	GB 50339–2013	智能建筑工程质量验收规范
国标	GB/T 50853–2013	城市通信工程规划规范
国标	GB/T 50780–2013	电子工程建设术语标准
国标	GB/T 50312–2016	综合布线系统工程验收规范
国标	GB/T 50623–2010	用户电话交换系统工程验收规范
国标	GB 50949–2013	扩声系统工程施工规范
国标	GB/T 50525–2010	视频显示系统工程测量规范
国标	GB 50793–2012	会议电视会场系统工程施工及验收规范
国标	GB 50462–2015	数据中心基础设施施工及验收规范
国标	GB 50134–2004	人民防空工程施工及验收规范
国标	GB 50686–2011	传染病医院建筑施工及验收规范
国标	GB/T 50624–2010	住宅区和住宅建筑内通信设施工程验收规范

1.3.2　图集

图集是配合规范给出的标准图示以及具体工程做法图解，协助工程师理解设计方法与工程做法，其不具有法律效力。图集分为国家标准图集与地方标准图集两类。根据项目所在地的情况，可以参考国家标准图集或者当地的地方标准图集。

现行国家标准图集目录见表1-4。

表1-4 国家标准图集

标准类型	图集号	图集名称
国标图集	12DX011	《建筑电气制图标准》图示
国标图集	09DX001	建筑电气工程设计常用图形和文字符号
国标图集	19DX101-1	建筑电气常用数据
国标图集	05SDX006	民用建筑工程设计常见问题分析及图示——电气专业
国标图集	05SDX005	民用建筑工程设计互提资料深度及图样——电气专业
国标图集	05X101-2	地下通信线缆敷设
国标图集	08X101-3	综合布线系统工程设计与施工
国标图集	03X401-2	有线电视系统
国标图集	17X401	工业电视系统设计与安装
国标图集	09CDX008-3	建筑设备节能控制与管理
国标图集	06SX503	安全防范系统设计与安装
国标图集	03X301-1	广播与扩声
国标图集	03X602	智能家居控制系统设计施工图集
国标图集	18DX009	数据中心工程设计与安装
国标图集	15D202-3	UPS与EPS电源装置的设计与安装
国标图集	14D202-1	蓄电池选用与安装
国标图集	03X801-1	建筑智能化系统集成设计图集
国标图集	09X700（上）	智能建筑弱电工程设计与施工（上册）
国标图集	09X700（下）	智能建筑弱电工程设计与施工（下册）
国标图集	D800-1~3	民用建筑电气设计与施工（上册·2008年合订本）
国标图集	D800-4~5	民用建筑电气设计与施工（中册·2008年合订本）
国标图集	D800-6~8	民用建筑电气设计与施工（下册·2008年合订本）
国标图集	16D707-1	建筑电气设施抗震安装
国标图集	06X701	体育建筑专用弱电系统设计安装

表1-1~表1-4中列出的标准、规范和图集仅供参考，当依据的标准、规范和图集进行修订或有新的标准、规范、图集出版实施时，读者应参考使用最新版本进行设计。

1.4   智能化系统组成

　　建筑智能化包括大量系统，我国现行的《智能建筑设计标准》GB 50314–2015 已将各系统详尽列出，并且针对不同的建筑特点进行了具体分类。其中的信息化应用系统体现在设备清单的系统应用软件方面，无须图纸体现。所以，智能化设计包括综合布线系统、计算机网络系统、用户电话交换系统、有线电视系统、建筑设备监控系统、建筑能耗监测系统、信息导引及发布系统、公共广播系统、智能灯光系统、会议系统、客房集控系统等。

　　除了上述常规系统外，根据建筑特点的不同，还有一些需要其他专项设计完成的智能化专业业务系统，如舞台监督通信指挥系统、舞台监视系统、票务管理系统、行李寄存系统、教学系统、专业业务管理系统等。

第 2 章 图 纸 目 录

2.1 概述

图纸目录是指设计图纸前所载的目次，是记录项目信息、图纸数量、图纸名称、图纸序号、图纸版本号等情况，并按一定次序编排，用于指导阅读、检索的工具。

图纸目录在一侧写明项目信息，主要篇幅用于写明图纸信息，序号用于统计图纸数量，图号配合图名更方便快速查找所需的图纸，版本号则依据设计阶段确定。

这里以标准的智能化施工图的图纸目录进行讲解，但各地区情况不同，目录可根据其要审查的具体图纸内容进行相应的调整。

2.2 图面设计

图面共包括项目信息和图纸信息两部分（见图 2-1），将图纸目录整合放大后见图 2-2。项目信息包括项目名称、项目编号、设计阶段、设计部分、设计人、出图日期、版本号等内容，各公司通常有自己的标准格式。图纸信息包括序号、图号、图名、版本号四项内容。图号和图名与每张设计图纸图框内容相对应，按照技术需求书、设备清单、图例、信息能源平面图、安防平面图、信息能源系统图、安防系统图、机房详图的顺序排列，并对应表明序号与版本号。

特别说明：

1）技术需求书和设备清单类文本文件，既可使用 A4 文本格式，也可使用 A0 等图纸格式体现。

2）出图比例，平面图及详图需要按比例出图。施工现场使用的卡尺通常设置有 1：20，1：50，1：100，1：300 四种比例，平面图多采用 1：100 比例，详图多采用 1：50 比例，选用时以能看清图面所有内容信息为准。

由图 2-1 可知，图号按照"EZ-x_ _"配合图名编写，EZ 后第一位"x"是内容代码：例：总图代码 0，字母 A 代表的是信息能源平面图，字母 B 代表的是安防平面图，字母 C 代表的是系统图，字母 D 代表的是详图。技术需求书、设备清单、图例按照 E-00 顺序排列，信息能源平面图按照 EZ-A01 顺序排列，安防平面图按照 EZ-B01 顺序排列，系统图按照 EZ-C01 顺序排列，智能化机房详图按照 EZ-D01 顺序排列。

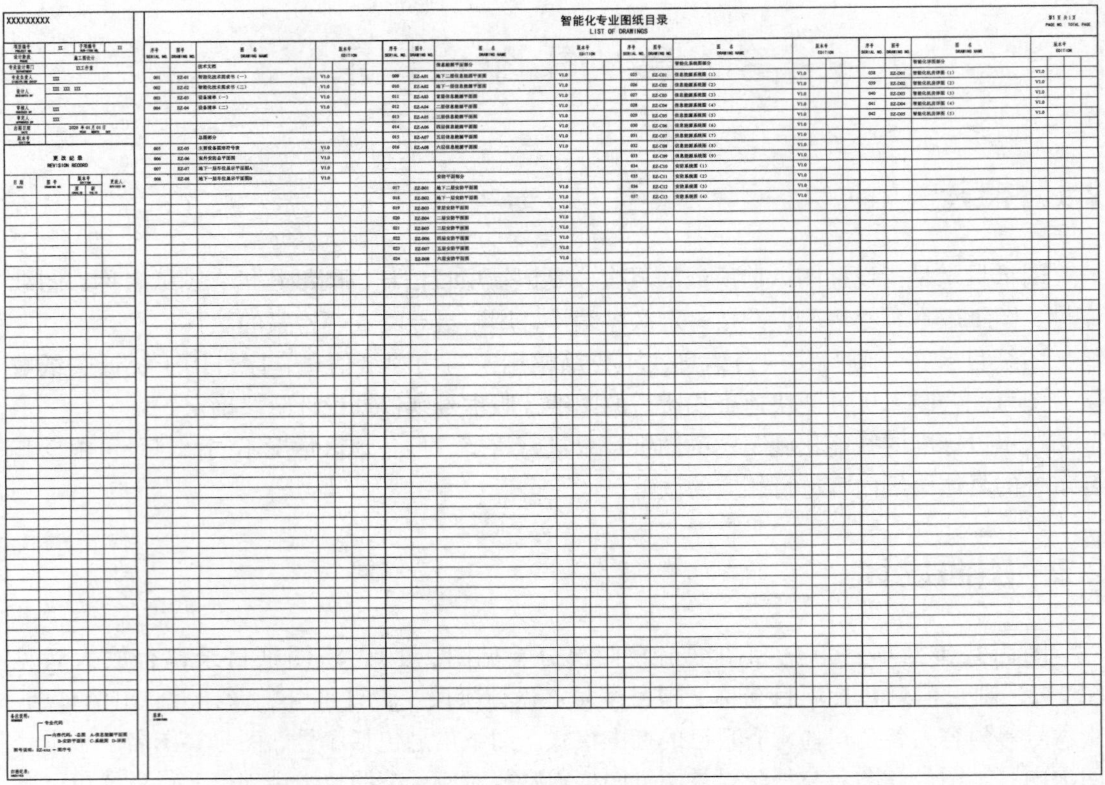

图 2-1　图纸目录

序号 SERIAL NO.	图号 DRAWING NO.	图名 DRAWING NAME	版本号 EDITION	序号 SERIAL NO.	图号 DRAWING NO.	图名 DRAWING NAME	版本号 EDITION
		技术文档		021	EZ-B05	三层安防平面图	V1.0
001	EZ-01	智能化技术需求书（一）	V1.0	022	EZ-B06	四层安防平面图	V1.0
002	EZ-02	智能化技术需求书（二）	V1.0	023	EZ-B07	五层安防平面图	V1.0
003	EZ-03	设备清单（一）	V1.0	024	EZ-B08	六层安防平面图	V1.0
004	EZ-04	设备清单（二）	V1.0			智能化系统图部分	
		总图部分		025	EZ-C01	信息能源系统图（1）	V1.0
005	EZ-05	主要设备图形符号表	V1.0	026	EZ-C02	信息能源系统图（2）	V1.0
006	EZ-06	室外安防总平面图	V1.0	027	EZ-C03	信息能源系统图（3）	V1.0
007	EZ-07	地下一层车位显示平面图A	V1.0	028	EZ-C04	信息能源系统图（4）	V1.0
008	EZ-08	地下一层车位显示平面图B	V1.0	029	EZ-C05	信息能源系统图（5）	V1.0
		信息能源平面部分		030	EZ-C06	信息能源系统图（6）	V1.0
009	EZ-A01	地下二层信息能源平面图	V1.0	031	EZ-C07	信息能源系统图（7）	V1.0
010	EZ-A02	地下一层信息能源平面图	V1.0	032	EZ-C08	信息能源系统图（8）	V1.0
011	EZ-A03	首层信息能源平面图	V1.0	033	EZ-C09	信息能源系统图（9）	V1.0
012	EZ-A04	二层信息能源平面图	V1.0	034	EZ-C10	安防系统图（1）	V1.0
013	EZ-A05	三层信息能源平面图	V1.0	035	EZ-C11	安防系统图（2）	V1.0
014	EZ-A06	四层信息能源平面图	V1.0	036	EZ-C12	安防系统图（3）	V1.0
015	EZ-A07	五层信息能源平面图	V1.0	037	EZ-C13	安防系统图（4）	V1.0
016	EZ-A08	六层信息能源平面图	V1.0			智能化详图部分	
		安防平面部分		038	EZ-D01	智能化机房详图（1）	V1.0
017	EZ-B01	地下二层安防平面图	V1.0	039	EZ-D02	智能化机房详图（2）	V1.0
018	EZ-B02	地下一层安防平面图	V1.0	040	EZ-D03	智能化机房详图（3）	V1.0
019	EZ-B03	首层安防平面图	V1.0	041	EZ-D04	智能化机房详图（4）	V1.0
020	EZ-B04	二层安防平面图	V1.0	042	EZ-D05	智能化机房详图（5）	V1.0

图 2-2　图纸目录的整合放大版

特别说明：

1）智能化内容较多，考虑到图面清晰和报技防办方便，故将智能化平面拆分为非安防相关的信息能源平面图和信息能源系统图，以及安防相关的安防平面图和安防系统图两部分。

2）若平面图较大，按常规图纸比例一张无法表达时，可将图纸拆分为 A，B，C 等多段，图名尾缀加 A，B，C 字母表示，图号则顺序排列。

第 3 章 技术需求书

3.1 概述

《深度规定》中明确，技术需求书包括工程概述、设计依据、设计原则、建设目标以及系统设计等内容。设计说明包括工程概况、设计依据、设计范围、设计内容、各系统的施工要求和注意事项、设备主要技术要求及控制精度要求、防雷与接地及安全措施等要求、节能及环保措施、与相关专业及市政相关部门的技术接口要求及专业分工界面说明、各分系统间联动控制和信号传输的设计要求，对承包商深化设计图纸的审核要求、凡不能用图示表达的施工要求、有特殊需要的说明。分析两者可知，技术需求书与设计说明有很多相同之处，所以在工程中可将两者合二为一，写成一份完整的技术需求书。

3.2 实例解析

以一实际工程项目的智能化技术需求书为例进行讲解（以下加底纹字为解析内容，其余仿宋字体为摘自实际工程项目的智能化技术需求书）。

第一部分是设计概况，需要写明建筑工程的基本信息，以及建筑、结构、设备等专业的基本情况。这些内容可从建筑专业设计说明中摘取。

1 设 计 概 况

1.1 工程基本信息

×× 剧院

（省略本工程基本信息）

1.2 工程概况

项目名称：×× 剧院。

建设地点：××××。

建设方：××××。

使用方：××××。

规划总用地面积：×××× m²。

建筑面积：×××× m²，其中地上建筑面积：×××× m²，地下建筑面积：×××× m²。

建筑主要功能：包含歌剧院（1 600 座）、音乐厅（1 200 座）、戏剧场（800 座）、多功能厅（500 座）及附属用房。

剧场等级：甲等剧场。

建筑类别：高层民用公共建筑。

建筑层数：地上 6 层，地下 2 层。

建筑高度：56m。

高层建筑分类：一类；建筑耐火等级：地上一级，地下一级。

建筑使用年限：本工程为类别 3，使用年限为 50 年，耐久年限 100 年。

抗震设防烈度：8 度。

建筑结构形式：外钢框架内现浇钢筋混凝土剪力墙结构。

地基基础形式：本工程采用桩基础。

绿色建筑设计标准：绿色建筑三星级。

第二部分是设计范围与分工，需要列写所有本工程需要设置的智能化系统。并写明与相关专业及市政相关部门的技术接口要求及专业分工界面说明。

2　设计范围与设计分工

2.1　设计范围

综合布线系统。

计算机网络系统。

电话交换机系统。

有线电视系统。

建筑设备监控系统。

建筑能耗监测系统。

安防系统（视频监控、出入口控制、电子巡查、无线对讲、入侵报警、停车库管理）。

残疾人紧急呼叫系统。

公共广播系统。

信息导引及发布系统。

智能照明控制系统。

会议系统。

机房工程（含备用电源）。

智能化系统集成。

2.2　设计分工（以下内容由建设方另行委托相关专业单位负责设计）

通信与有线电视外线等由建设方另行委托相关市政设计单位设计。通信与有线电视分界在各系统机房 / 进线间。

精装修区域、舞台工艺，相关弱电各系统末端由精装设计单位负责深化设计。

移动通信覆盖及屏蔽系统由移动运营商负责。

第三部分，需要写清所有与本工程有关的设计标准、规范、图集等。

3　设计依据及参考图集

3.1　执行的国家、地方、行业现行建筑设计标准、规范，主要包括（但不限于）

《房屋建筑制图统一标准》GB/T 50001–2017

《民用建筑设计统一标准》GB 50352–2019

《电力工程电缆设计标准》GB 50217–2018

《建筑机电工程抗震设计规范》GB 50981–2014

《民用建筑电气设计标准》GB 51348–2019

《建筑物防雷设计规范》GB 50057–2010

《建筑物电子信息系统防雷技术规范》GB 50343–2012

《智能建筑设计标准》GB 50314–2015

《综合布线系统工程设计规范》GB 50311–2016

《有线电视网络工程设计标准》GB/T 50200–2018

《数据中心设计规范》GB 50174–2017

《安全防范工程技术标准》GB 50348–2018

《公共广播系统工程技术规范》GB 50526–2010

《厅堂扩声系统设计规范》GB 50371–2006

《视频显示系统工程技术规范》GB 50464–2008

《视频安防监控系统工程设计规范》GB 50395–2007

《民用闭路监视电视系统工程技术规范》GB 50198–2011

《出入口控制系统工程设计规范》GB 50396–2007

《入侵报警系统工程设计规范》GB 50394–2007

《公共建筑节能设计标准》GB 50189–2015

《节能建筑评价标准》GB/T 50668–2011

《绿色建筑评价标准》GB/T 50378–2014

《民用建筑绿色设计规范》JGJ/T 229–2010

《智能建筑工程质量验收规范》GB 50339–2013

《剧场建筑设计规范》JGJ 57–2016

3.2　设计深度依据

《建筑工程设计文件编制深度规定》（2016 版）

3.3　本工程索引的设计图集

《民用建筑电气设计与施工（上册·2008 年合订本）》D800–1~3

《民用建筑电气设计与施工（中册·2008 年合订本）》D800–4~5

《民用建筑电气设计与施工（下册·2008 年合订本）》D800–6~8

《建筑电气工程设计常用图形和文字符号》09DX001

《智能建筑弱电工程设计与施工（上册）》09X700（上）

《智能建筑弱电工程设计与施工（下册）》09X700（下）

《智能建筑弱电工程设计施工图集》GJBT–471

《防雷与接地　下册（2016 年合订本）》D503~D505（下册）

《地下通信线缆敷设》05X101–2

《电缆敷设（2013 年合订本）》D101–1~7

《电力电缆井设计与安装》07SD101–8

第四部分，通过对总体设计思路的介绍，奠定了该工程的设计基调，便于业主、承包商、施工公司、监理公司各方可以更好地理解设计意图。

4　总体设计思路

总体设计思路：以信息化网络系统作为智能化系统的基础运行平台，采用标准化、模块化和系列化的设计，形成由过程控制级、控制管理级和业务管理级组成的系统并以通信网络为纽带的集中显示（监视）操作管理、控制相对分散的技术，为建筑提供高效的、科学的和便捷的管理和服务手段；智能化系统的总体设计遵循"统一平台、集中监管、分散控制、网络融合、资源共享"的原则。

整个剧院的运营商机房设置在首层，安防（含消防）控制室和电话网络机房设置在一层。所有接入机房信息通过网络汇总到电话网络机房，统一管理。

智能化系统设计应从体现以人为本、功能实用、技术先进、运行可靠、经济合理、施工维修方便、可扩展等各方面考虑，充分满足项目建设的总体目标要求，使各系统都具有良好的可扩展性、可升级性，合理控制投资成本。

第五部分，按照智能化系统划分，具体写明各系统设计内容、施工要求和注意事项、设备主要技术要求及控制精度要求、防雷与接地及安全措施等要求、各分系统间联动控制和信号传输的设计要求。

5　建筑智能化工程

5.1　综合布线系统

5.1.1　系统构成与主要技术功能

综合布线系统是为适应楼宇智能化系统的需求而发展起来的一种特别设计的布线方式。它将语言、数据、图像等设备彼此相连，使建筑物或建筑群内设备与外部通信数据网络相连接。作为一个良好的布线系统设计，应具有开放性、灵活性和扩展性，对其服务的设备有一定的独立性，并为智能建筑或建筑群中的信息设施提供了多厂家产品兼容、模块化扩展、更新与系统灵活重组的可能性，是实现智能建筑系统集成的统一中央平台。

综合布线系统以安全性、完整性、先进性、实用性、经济性、可靠性为设计原则，选用灵活的星型拓扑结构，每个信息通道通过简单跳线，可以灵活组网，充分体现综合布线的灵活性、扩展性。结合建筑物本身的特点，在系统设计过程中除充分考虑一些共性特征外，还需重点考虑每栋建筑物的特殊个性特征。

综合布线系统由六个独立的子系统组成：工作区子系统（Workarea），水平子系统（Horizontal），管理区子系统（Administration），干线子系统（Backbone），设备间子系统（Equipment），建筑群子系统（Campus）等。本工程按系统特点分别组网，见表 3-1。

表 3-1　网络架构表

类别	功　　能	备注
有线网	针对工作人员、演出人员的有线电话和网络系统	做到与其他网络物理分隔
无线网	针对工作人员、演出人员、观众、访客的无线网络系统	

续表 3-1

类别	功　　能	备注
运营网	用于设备监控系统、能耗监测系统、信息发布系统等建筑管理和运营的专用网络	做到与其他网络物理分隔
安防网	用于安全防范系统的专用网络	
其他	预留政务网、防护网等政府相关专用网络安装条件	—

综合布线系统作为智能化设计中的底层建设，是一个高度融合的布线架构，大部分系统都采用这一架构组成各自的系统。这里的重点在于，写明针对工程项目的特点合理建立组网概念（表 3-1 网络架构表），建立综合布线六个独立子系统的概念（结合下文具体理解）。另外，这里编写的电话末端与线路是按照模拟电话系统考虑，如果采用数字电话则可直接将模拟电话的末端点位看作数据端口，与计算机系统合并。

（1）工作区子系统

工作区布线子系统由终端设备连接到信息插座的连线组成，它包括信息插座和连接设备所需的跳线。

综合布线系统分为语音点、数据点两大类型，数据点又分为有线网数据点，无线网数据点，运营网、安防网数据点三类。其中有线网数据点包括墙面插座点位，无线网数据点包括无线 AP 点位，运营网数据点包括能耗监测点位、信息发布点位、设备监控点位等，安防网数据点包括视频监控摄像机、门禁控制器点位等。

本工程设计布线的点位设计情况如下：

1）业务用房按实际家具平面布置图设计信息点位，每个工作区就近设计一个数据、一个语音接入点；排练厅、化妆间，每房间设计不少于两个信息点与语音点。

2）楼内多功能厅、化妆区按房间大小和人数满足 100 人同时上网需求。业务工作、管理用房满足 20 人同时上网需求。

3）信息发布点位主要布置在首层大厅、观众厅入口外、多功能厅入口外等观众可以到达处。

根据各工作区信息点位置的不同，选择相应的信息插座安装方式。如墙面安装、地面安装，墙面安装高度为 30cm。安装位置要考虑维护及使用的方便，同时兼顾美观。

面板：本方案采用 86 标准带防尘滑盖的面板，面板样式和颜色要求与装饰整体风格匹配，并在面板上做好信息点标注。模块：数据信息点全部采用六类信息模块。无线网点安装 AP 接入点。

（2）水平子系统

水平布线子系统是整个布线系统的一部分，它将干线子系统线路延伸到用户工作区。一般来说，网络信息点水平子系统的电缆数为六类非屏蔽双绞线，它们能支持大多数现代通信设备。在需要某些更高带宽应用时，可以采用光缆。语音信息点水平子系统电缆均采用六类非屏蔽双绞线缆。

水平双绞线采用满足国际、国家相关标准的六类非屏蔽双绞线，各个工作区子系统采用下敷设金属线槽或金属管走线的方式布线；使布局调整具有灵活性。链路信道等级为六类非屏蔽子系统。以上等级链路设计支持 10Mbps/100Mbps/1 000Mbps 等数据通信的应用和所有语音通信系统（模拟、数字、多功能和 ISDN 语音系统）的应用。

水平链路还将确保每个信息插座的通用性（无须限制插座用途是电话还是计算机），使整个综合布线系统具有最大灵活性。

水平线缆的数量按照建筑跨度及信息点到管理间配线架的平均距离进行计算，需要考虑工程实际的穿线余量及合理损耗；水平线缆由管理间机柜引入弱电桥架敷设至各房间和区域，然后进入暗埋在墙地板内的金属管道，敷设到各个信息终端出口。铜缆水平敷设距离，要满足小于 90m 的要求。

（3）管理区子系统

管理子系统的设计主要是指管理间机柜的选型及数量的确定，机柜的固定方式，管理子系统配线架的选型及数量的确定、配线架的安装方式、管理间跳线种类的选择、跳线方式的确定等。

依据现行建筑物布局以计算机网络建设的要求，合理选择各楼的弱电间位置。配线间 19" 机柜安装；水平线缆采用 24 口六类配线架端接。光纤主干也采用 SC 接口的光纤配线架端接。语音主干则统一采用 110 型配线架端接。管理子系统的配线架分为铜缆配线架和光纤配线架两种。

（4）干线子系统

干线路由的选择及走线方式、干线光纤及大对数铜缆类型的确定、干线线缆用量的统计等。本工程的主干线缆路由以走弱电间为主，进入设备间部分将根据现场实际情况确定。

根据系统要求，本系统的主干线缆可分为铜缆和光缆两大类型。铜缆主干主要用于语音信号的传输，本系统的铜缆主干采用 3 类 50 对大对数 UTP 线缆及 3 类 25 对大对数 UTP 线缆。光缆主干主要用于网络信号的传输，本系统的光缆主干采用 12 芯多模光纤。

系统主干通过弱电间的垂直线槽由首层的水平线槽敷设至电话网络机房，线槽间以及线槽和弱电预埋扁钢通过导线连接，保证有效地接地。

（5）设备间子系统

设备间子系统主要是用来放置网络交换机设备和各种应用服务器、存储及安全设备的地方，并负责与外线连接，例如接驳电信运营商的网络光纤进线和电话通信光纤。通常综合布线的设备间就是指网络中心机房和电话交换间，以及各个楼负责室外进线的交换间。设备间子系统的设计主要是指设备安装方式确定、配线架的选型及数量确定、设备间跳线种类的确定、设备间环境要求等。

1）设备间位置确定。本项目总的电话网络机房设在首层，向各管理间引 12 芯多模光纤及 3 类大对数电缆。

2）设备安装。设备间管理设备全部采用 19" 标准机柜安装，并配有网络设备专用配电电源及风扇，可将设备间网络设备一同放置其中。此种安装模式具有整齐美观、可靠性高、防尘、保密性好、安装规范，并具有一定的屏蔽作用等优点。语音主配线架：用于连接来自各管理间的 3 类非屏蔽双绞线（UTP）线缆，与管理间类似，选择 100 对 110 配线架，机柜安装方式。数量配置以能够将全部水平线缆和垂直主干线缆端接好为标准。数据主配线架：用于连接来自各管理间的光纤主干，光纤采用 24 口光缆配线架，19 "机柜安装方式，适合不同芯数的光纤环境。

5.1.2　系统的安全性

这里针对综合布线系统的防雷与接地及安全措施等要求做出相关要求，这些要求也源于设计规范中的条文。

（1）电气防护

综合布线的标准规定：当布线区域内存在的电磁干扰场强大于 3V/m 时，应采取防护措施。电磁干扰一般来自电磁场或电力场，这些干扰源会影响数据的传输。为了减弱干扰的影响，最佳的解决办法是将电缆远离干扰源。

（2）保护接地

在电话网络机房、弱电间设置专用接地端子，布线系统涉及的金属部件可靠接地。涉及的金属部件为金属线槽、钢管以及配线间的金属机柜。金属线槽、钢管应保持连续的电气连接，并在两端有良好的接地；配线柜内的有源设备外壳应接地极相连。采用与建筑物共用接地装置，接地电阻小于 0.5Ω。电缆从建筑物外面进入建筑时，选用适配的信号线路电涌保护器，由承包商配套提供。

5.1.3　导体选择、敷设及设备安装

这里针对综合布线系统的施工要求和注意事项、设备主要技术要求及控制精度做出具体规定，把与施工密切相关的内容做了集中且细致的描述，确保工程质量。

（1）综合管路设计

综合管路主要分为室内部分与室外部分。室内主要包括垂直线槽、水平线槽、管路三部分。其中线槽按功能分为有线网线槽、无线网线槽、运营网线槽、安防网线槽、UPS 电源线槽等。室外部分主要包括入户管路、室外视频监控系统管路、室外停车场管理系统管路等，其中入户管路由原土建施工单位预留。

1）室外管路。本项目室外管路主要为满足室外视频监控系统线路敷设而设计，采用 SC 管（热镀锌钢管）进行埋地敷设，管顶距地面不低于 800mm，同时在监控立杆处设置 600mm×600mm 检修手井。

2）室内管路。水平和竖向垂直干线电缆均敷设在电缆线槽内，弱电线缆在金属线槽或金属保护管内敷设。线路敷设在金属线槽 MR 内（公共区域），引至各房间改穿管敷设。敷设于楼板内的金属管外径不允许超过结构板厚的 1/3。线缆线槽均为热镀锌型，暗敷设需采用热镀锌厚壁钢管（SC），明敷设采用套接紧定式镀锌钢导管（JDG）。有吊顶处穿套接紧定式镀锌钢导管在吊顶内敷设；无吊顶或在结构墙设置点位处，需采用热镀锌钢管暗敷设。金属梯架、托盘或槽盒本体之间的连接应牢固可靠，全长不大于 30m 时，不应少于 2 处与保护导体可靠连接；全长大于 30m 时，每隔 20~30m 应增加一个连接点，起始端和终点端均应可靠接地。镀锌梯架、托盘和槽盒本体之间不跨接保护联结导体时，连接板每端不应少于 2 个有防松螺帽或防松垫圈的连接固定螺栓。

（2）抗震设计

内径不小于 60mm 的电气配管及重力不小于 150N/m 的电缆梯架、电缆槽盒、母线槽

均应进行抗震设防。所有电气设备、配电箱（柜）的安装应满足抗震要求，必须满足《建筑机电工程抗震设计规范》GB 50981 的相关要求。

（3）安装、调试

系统所有器件、设备均由承包商负责成套供货、安装、调试。

5.2 计算机网络系统

综合布线系统内包含了计算机网络系统和通信系统的末端等布线内容，所以计算机系统以单独设置的接入层和核心层设备为主要内容，而不再计入布线和末端的设备内容，这也体现了综合布线系统作为一个底层架构的特点。

5.2.1 系统构成与主要技术功能

采用两层架构设计，即核心层、接入层。本工程计算机网络系统采取星型拓扑，在楼内各层弱电间设置接入层，传输至首层电话网络机房设置核心层。星型拓扑结构的优点在于：网络结构简明可靠，将数据所流经的网络环节降至最低，提高网络的访问速度和可靠性。

在保证固定网络端口设置的同时，本工程将使用无线网络技术，因其易扩展、无须连线即可接入网络的灵活性，有效地填补有线网络盲区，使用在楼内有效覆盖范围内可登录，不受时空的限制。带有无线 AP 网的访客外网交换机采用带 POE 供电的接入交换机。办公区域使用放装式 AP，观众厅、多功能厅等人员密集区密度放高装式 AP。

5.2.2 控制机房与电源

本工程在首层设置电话网络机房，面积为 80m²。采用市政双路供电，系统自带 UPS 的供电方式。

室内配线线路采用综合布线系统，详见本实例"5.1 综合布线系统"部分。

5.3 通信系统（电话系统）

通信系统同计算机网络系统相似，布线和末端设备已计入综合布线系统，这里以接入层和核心层设备为主要内容。核心层设备通常由通信运营商设计与安装，故不在此说明。

5.3.1 系统构成与主要技术功能

通信系统由通信系统、电话系统、无线通信系统组成。

采用两层架构设计，即核心层、接入层。本工程在楼内各层弱电间设置接入层，首层电话网络机房设置核心层。

本工程采用数字电话系统，设计总容量应满足常驻剧团、演员及各类办公人员的使用需求。目前按业务用房、公共区域的需求进行配置实际用户板，日后根据实际使用需求进行扩展。

5.3.2 控制机房与电源

本工程在首层设置电话网络机房，面积为 80m²。采用市政双路供电，系统自带 UPS 的供电方式。

室内配线线路采用综合布线系统，详见本实例"5.1 综合布线系统"部分。

5.4 移动信号覆盖系统

移动信号覆盖系统是保证建筑内手机等移动通信设备能够获得良好信号的系统，其设计及施工均由移动、联通、电信等运营商完成，智能化设计需配合建筑电气专业为其预留相关土建及供电条件。

为了保证建筑物内移动通信良好的通话质量，本工程设置移动通信覆盖系统。

系统应满足中国移动 GSM 系统，中国联通 GSM 系统，中国电信 CDMA 系统、WLAN 系统，保证 4G 系统的实现，同时预留建设移动、联通、电信 5G 系统的接入条件，以保证 5G 系统信号的引入。

系统信号源的引入方式采用基站直接耦合信号方式。移动通信室内覆盖系统所采用的专用频段，应符合国家有关部门的规定。

本工程在首层预留了放置移动通信覆盖系统设备和供电条件。采用以弱电间为中心，分层覆盖的方式，将主要设备安装在弱电间内。

移动通信覆盖系统的设计和实施由当地电信运营商负责。

5.5　有线电视系统

随着人们生活习惯的改变，更多人在采用网络电视的形式收看节目。网络电视可直接通过数据端口获取网络数据，计入计算机网络系统。然而，传统的有线电视因其在接入卫星电视、接入前端自办节目、收看有线电视节目等方面仍有优势，所以根据工程特点，设计有线电视系统，此处的技术需求书便是按照有线电视系统编写的。

有线电视节目信号由当地有线电视网引至本工程建筑首层有线电视机房。采用分配—分支系统，沿有线电视线槽引至各功能区域。

主干线采用 SYWV–75–9，分支干线采用 SYWV–75–7，在弱电间内沿金属线槽敷设。

用户线（分支器至用户出口）采用 SYWV–75–5–SC20，在吊顶内、楼板及垫层内敷设。

用户出口距地 300mm 或 2 500mm 墙面设置，如遇玻璃隔墙或其他安装困难的墙面，在顶棚或根据装修要求确定安装方式。

弱电间内电视分配—分支器箱底边距地 1.5m 明装。弱电间以外的分支器设 200mm×200mm×100mm 盒安装在吊顶上 50mm 处，同时在此处预留检修口。无吊顶处距顶板 300mm。

有线电视系统设备所有产品均为双向系统采用的产品。

室内配线方式可参看本实例"5.1　综合布线系统"部分。

系统所有器件、设备均由承包商负责成套供货、安装、调试。

5.6　建筑设备监控系统

本系统的设计分为综合布线架构和总线制两种，这里是按照总线制编写，具体体现在系统构成和导体敷设方面。因为系统承包商是按照点位功能和数量统计工程费用的，所以此部分编写的重点在于明确监控内容，具体可以参考《民用建筑电气设计规范》GB 51348–2019 中的条文。

5.6.1　系统构成与主要技术功能

本工程建筑设备监控系统（BAS）采用直接数字控制技术，自成控制体系的子系统采用数据接口（Modbus–RTU、Bacnet–IP、Bacnet–MSTP）与建筑设备监控系统完成通信。对全楼的暖通通风系统、空调系统、给排水系统、照明系统进行监控；对电梯系统及供电系统进行监视。

系统具备设备的手 / 自动状态监视，启停控制，运行状态显示，故障报警、温湿度监测、控制及实现相关的各种逻辑控制关系等功能。

消防专用设备：消防泵、排烟风机、加压风机等不进入建筑设备监控系统。

冷冻机应能从其控制屏（箱）内送出机组的运行状态、故障信号，并能接受由 BAS 发出的控制冷冻机的启、停信号，并能根据 BAS 的要求，进行制冷系统的顺序启、停。

本系统包括以下几部分：

1）对给水、排水系统的监控：

给水系统；

排水系统；

中水系统；

开水器。

2）对空调系统的监控：

空调冷、热水系统；

新风机组、空调机组及热回收机组；

末端风机盘管（FCU）不包含在空调监控内容；

在机组回风口附近设置 CO_2 传感器，用于联动新风阀和送风机；

在带加湿功能的机组上安装湿度传感器，联动加湿装置。

3）对变电、配电、发电系统的监测（通过接口接入，只监不控）：

高压配电系统；

低压配电系统；

变压器；

直流电源系统；

柴油发电机组；

高、低压配电及发电系统图形模拟显示。

4）能量计量：

实时监测空调冷源供冷水负荷（瞬时、平均、最大、最小），计算累计用量，费用核算；

根据管理需要，设置计量热表，计算租户累计用量，费用核算；

实时监测自来水 / 中水供水流量（瞬时、平均、最大、最小），计算累计用量，费用核算；

根据管理需要，设置计量水表，计算租户累计用量，费用核算；

根据管理需要，设置电量计量，计算租户累计用量，费用核算。

5）对照明系统时间程序控制。

6）对送、排风机系统的监控：

普通送排风机、排风兼消防排烟风机、送风兼消防补风机；

排风兼排烟风机和送风兼消防补风机，只监控普通排风、送风部分，并与消防系统联动，纯消防风机不监控；

地下车库区域设置 NO_2 及 CO 控制质量传感器，与送排风机联动。

7）对电动门、窗的控制（非消防）。

8）冷热源（冷水机组群控待二次深化设计确定）：包括直燃机组、冷却塔、换热器及相关水泵等设备，系统通过接口纳入建筑设备监控系统进行监视（只监不控），冷热源的群控系统待功能确定后由专业厂家进行二次深化，冷热源系统必须提供"一个"系统级的通信接口。

9）电梯系统的监视（运行状态、故障状态、上行状态、下行状态、电源状态、故障报警）：包括客用电梯及消防电梯，系统通过硬接线干接点（或接口）方式进行监控。

10）对空气质量的监测，并实现相关联动新风的功能。

建筑设备监控中心内的计算机主机、显示器、打印机及现场的各种传感器、变送器以及直接数字控制（DDC控制器）等均由承包商成套供货。

系统所有器件、设备均由承包商负责成套供货、安装，并以设备订货为准，根据设备专业控制要求，完成系统调试。

5.6.2 控制机房

本工程在一层设置消防安防控制室，面积为130m²。采用市政双路供电，系统自带UPS的供电方式。

室内配线线路采用综合布线系统，详见本实例"5.1 综合布线系统"部分。

5.6.3 导体选择、敷设及设备安装

本工程从控制室至控制器的每条线路以及控制器之间的通信线路，均预留线缆线槽或SC25镀锌钢管等。

控制器至现场各种传感器、变送器、阀门等的控制线、信号线、电源线等由承包商根据现场情况采用穿管或线槽明敷。

现场控制器箱的安装位置宜靠近被控设备电控箱。

现场控制箱的高度小于或等于1m时，采用壁挂安装，箱体中心距地面的高度不应小于1.4m。

现场控制箱的高度大于1m时，采用落地式安装，并制作底座。

5.7 建筑能耗监测系统

本系统的设计分为综合布线架构和总线制两种，现今承包商大多按照综合布线架构设计产品，故此处不考虑总线制方式，按照综合布线架构编写。另外，因为能耗监测系统主要内容是针对各种表计的计量工作，所以要依据绿色建筑相应规范中的条文说明全部纳入计量的表计范围。

5.7.1 系统构成与主要技术功能

本工程设置能源管理系统，通过设置智能仪表对建筑电力、供水、天然气、冷热源等计量和管理，实现配电系统的分类、分项、分级进行计量。在各个弱电间的运营网系统中设置网关，本层仪表接入网关，通过运营网将末端信息接入安防控制室的能耗监测系统主机。同时，系统预留上传市政能源管理系统接口。

本工程设置变配电设备监控系统。系统可满足建筑智能化电力监控的要求，使变电所实现少人值班，并且可对电能使用进行优化管理，实现节能目的。电能监测中采用的分项计量仪表具有远传通信功能。

能源管理系统的计量范围包括空调计量、生活水、中水、空调系统用电、公共区域用电及宿舍用电，空调加湿水不纳入计量范围。

空调计量：空调计量为机房总计量方式，在空调系统机房总管上设置冷热量计量表具。

生活水计量：在卫生间给水总管设置计量表具，地上部分在每层立管与卫生间第一支管处设置计量表具，实现分层分区域计量。

中水计量：在中水给水总管设置计量表具。

电量计量：在现有图纸上设计电能表的位置设计电量计量表具。

按照不同系统计量，如照明、空调、IT 机房等，通过在后台管理平台做计量逻辑划分实现。

5.7.2 控制机房

本工程在一层设置消防安防控制室，面积为 130m²。采用市政双路供电，系统自带 UPS 的供电方式。

5.7.3 导体选择、敷设及设备安装

本工程从控制室至网关采用运营网完成，接入弱电间的网关。网关后采用总线制，针对末端表计采集数据。室内配线线路采用综合布线系统，详见本实例"5.1 综合布线系统"部分。每条线路以及控制器之间的通信线路，均预留线缆线槽或 SC25 镀锌钢管等。

5.8 安全技术防范系统

安全技术防范系统简称安防系统，是独立于信息能源系统外的一大项系统。其内部又可分为若干子系统，这些子系统的具体选择以及末端点位的设置，需要按照《安全防范工程技术规范》GB 50348-2018 中的条文执行。

智能建筑要给用户提供安全、舒适的内部环境，安防系统的根本功能就是保证智能建筑内人身、财产的安全，防止没有授权的非法入侵，避免人员伤害和财产损失，是智能建筑中的一个重要部分，保证了智能建筑的安全性。因此，需要全方位、多层次、内外保护的立体化的安防系统，利用各出入口和其他通道的状态监测与控制形成防护，能在入侵发生的第一时间发现并防止入侵者；另外安防系统能将当时现场的各种信息资料进行记录、存储、查询、打印等，以备事后分析之用。

建设完善的安防系统有利于加强安全保卫工作，提高对意外灾害及突发事件的预防和管理能力。并为提高保护级别提供实施方法。本工程的安防系统由视频监控系统、出入口控制系统（含停车场管理系统）、电子巡查系统、无线对讲系统、入侵报警系统、停车库管理系统组成。

5.8.1 总体设计

本工程采用安防网设计，视频监控系统、门禁系统接入安防网，无线通信系统通过同轴电缆接入安防控制室的系统主机，巡更系统采用离线式，主机设置在安防控制室内。

视频监控采用全 IP 监控，实现所有图像数字化，为整个建筑提供更安全、更可靠、更便捷的监控环境。因安防控制室将作为整栋建筑的安防主控制室，所以安防网络采用两级模式，核心层、接入层。核心层设备放置在首层安防控制室；接入层交换机通过千兆光纤互联至智能设备管理网核心交换机，接入交换机通过双绞线连接前端 IP 摄像机，实现

数据传输和电源供应。

5.8.2　系统构成与主要技术功能

以维护社会公共安全为目的,运用安全防范产品和其他相关产品所构成整体安全防范系统。

（1）视频监控系统

视频监控系统是安防系统中最重要的系统,目前已全部采用数字摄像机技术,所以单独设置安防网,视频监控系统就是这套安防网的核心组成部分。安防网也是综合布线系统架构下的一部分,所以布线和末端设置已在综合布线系统中加以说明,此处更多的是按照前端、传输、后端针对各设备加以说明并提出相关要求。

1）概述。视频监控系统是整个安防建设规划的重点,是一个分布式的系统,为建筑提供安全监管、设备监控、管理运维、案发后查、证据提取等有效的技术手段。

该子系统具有智能化、高效率特点,系统采用数字化采集、全网络传输、集中存储、控制及显示,主要由前端摄像机设备、视频显示设备、控制键盘、视频存储设备、相关应用软件以及其他传输、辅助类设备组成。

系统具有可扩展和开放性,以方便未来的扩展和与其他系统的集成。视频监控子系统最直接、最主要的作用就是使管理人员能远程实时掌握建筑内各重要区域发生的情况,保障监管区域内部人员及财产的安全。

系统通过监控网络对建筑物的周界、出入口、通道、人员密集区域和重要部位及场所等进行监控,并针对设防区具体环境特点,设置摄像机、云台、镜头及防护罩。所有监控图像传送到安防控制室。安防控制室对整个建筑进行实时图像的监控和记录,使监控中心人员充分了解建筑内外的人员活动情况和动态。

2）设计思路。24h关注车辆和人员出入,在建筑室外安装红外高速球和红外半球摄像机进行监视。前端监控设备统一接入安防控制室,在监控中心部署视频管理平台,实现实时监控和操作管理,并通过平台实施存储。在安防控制室采用高清解码器实现对高清视频流的解码上墙显示,部署视频图像存储设备,实时存储不少于30d。

系统具有权限设置、分级分组等功能,对同一监控点或同组监控点实现分级控制。

3）前端部分。采用数字式摄像机针对建筑物的周界、出入口、通道、人员密集区域和重要部位及场所等进行监控,并针对设防区具体环境特点,设置摄像机、云台、镜头及防护罩。

4）传输部分。为了实现监控系统的业务传输和联网,需要一个高带宽、低延时的IP网络,采用网络设备和链路资源。

前端视频接入主要完成监控点的视频信号数字化,信号线缆采用六类非屏蔽网络线缆进行传输;电源线缆采用集中供电方式,集中敷设至各楼层弱电间,并从机房UPS电源集中对摄像机进行供电,接入交换机与核心交换机之间采用光缆完成通信。

5）后端部分。

作为主机房的安防控制室,针对其独特之处进行说明,并且根据工程差异,给出硬盘的计算方法。

监控存储:后端采用集中存储方式,设备安装于机房,录像存储时间不少于30d。系统支持 200 万像素 H.265 与 H.264 高清图像的实时存储和管理，新建视频监控系统存储容量按照 1 920×1 080，H.264，4Mbps 码流。其存储空间计算公式：单路实时视频的存储容量（GB）＝［视频码流大小（Mbps）×60s×60min×24h×存储天数/8］/1 024。表 3-2 为一路视频图像在 30d、60d、90d 所需要的占用空间。

表 3-2 视频系统硬盘计算表

视频规格	存储天数 /d		
	30	60	90
1 920×1 080，H.264，4Mbps	1 296GB	2 592GB	3 888GB
1 920×1 080，H.265，2Mbps	648GB	1 296GB	1 944GB

监控显示：配置解码器、超窄边液晶拼接大屏，作为整个安防系统控制中心，同时配备控制计算机、控制键盘等设备，值班人员可对重点区域进行控制与监视。

监控管理平台：该平台是监控系统的核心部件，负责整个监控系统的管理和业务调整，主要完成整个建筑平面的所有视频监控系统的业务管理和视频存储，通过部署中心管理服务器完成对进程间通信（IPC）及视频编解码的注册、认证和业务处理。具有视频探测与监视，图像显示、记录与回放等功能。提供管理平台、对用户、设备、视频切换、视频录像、回放等进行管理。能够实现多点并发录像，能够管理会话初始化协议（SIP）设备，进行相关配置，形成统一资源标识符（URI）树，提供视频图像预览等。可以通过用户终端访问媒体设备，实现对视频监控以及多画面显示。数据处理部分为实时监控、视频资料的存储及后续回放等提供必要支持。

（2）出入口控制系统

出入口控制系统也可分为综合布线架构和总线制两种，由于视频监控系统全部采用综合布线架构，所以出入口控制系统也全部采用综合布线架构，并纳入安防网当中。与视频监控系统的不同点在于出入口控制系统实现的功能更为丰富。以最为复杂的学校为例，其系统软件和卡片除能满足一般的门禁刷卡功能外，还需要保障实现刷卡消费、刷卡签到等特殊功能，这需要在需求书中概括性地提出基本功能要求。

1）概述。门禁管理系统需采用"集中管理，分散控制"的人性化工作模式，采用管理、控制及执行三个层面的拓扑结构，保证大规模系统的通信提高响应速度和产品的稳定性。

门禁控制系统基本功能是对各区域内各重要的通行门，以及主要的通道口进行出入监视和控制。门禁点的设置均根据项目需求及受控区域的安全级别和重要性来设定，设定的管制模式也不尽相同，如单向刷卡、双向刷卡、密码加刷卡、生物识别开门等多种类别可选，不同的管制模式可相互混用，不影响系统本身的运行效益。

本工程中，诸多通道和房间设置了门禁点，其他均采用单向刷卡方式。每个门禁点安装进门读卡器、磁力锁及出门开门按钮，同时使用专业的门禁控制器对其进行管控。门禁系统采用 TCP/IP 方式组建网络。在安防控制室设置发卡中心，具有所有门禁点位的发卡权限。

另外，在火灾确认后，能自动解除消防疏散通道上的门禁控制，保证人员安全疏散。

2）门禁点位。通过对非接触式 IC 卡的开门权限设置，在建筑外部各出入口、观众厅与办公区的分界点、各类机房、顶层通道、重要功能用房等设置门禁点。对所有进出的人员进行有效控制和监管。持卡人只需将卡在各门控点的读感器读感范围内刷卡，瞬间便可完成读感工作，门控点控制器判断该卡的合法有效性，合法卡做出开门动作。

3）传输线路。读卡器与控制器之间电缆采用六类非屏蔽网络线缆，门锁电源线采用 RVV4×1.0 线缆。出门开关采用 RVV2×1.0 线缆。

控制器电源由机房 UPS 供给引至弱电间内，分回路沿墙敷设到楼层门禁电源控制箱，再由楼层电源控制箱连到门禁控制器。

读卡器在安装时应距地 1 300mm，距门边框 30~50mm。本工程采用门禁系统运用网络传输信号，读卡器与控制器之间距离最大可达 1.0km，门禁控制器安装在弱电间内。

4）系统软件功能。门禁系统软件需要采用全中文界面，人机界面友好、操作简单、使用方便。共分为以下几个模块。

门禁基本管理模块：系统根据门禁的信息，自动显示持卡人的身份档案；对每个发生的事件都有详细的记录功能；系统可根据显示的时间、区域和控制等级进行门禁控制，具有图形接口，操作方便，可对系统进行必要的配置；系统具有密码保护功能；系统能实现 IC 卡的授权和门锁的控制功能。

门禁电子地图模块：系统可实时控制每一个门的开关状态，并提供报警监视图；可显示报警监视的建筑物平面图和示意图，实现无级缩放；用户可方便地生成、编辑电子地图；电子地图还应具备动态控制功能；系统可实时显示报警信息。

门禁与监控联动模块：系统应在重要的门实现监控与门禁的联动，能在异常情况下及时捕捉现场图像。系统可实现对非法使用和入侵的报警功能，并在接到报警确认信号后，封锁相关区域的通道门等。系统能实现与火灾自动报警系统和摄像监视系统联动功能，火灾确认信号送至通道监控系统，并自动释放相关区域的所有电磁门锁，以便人员紧急疏散。

5）卡片管理。个人信息及卡号的录入：本着一人一卡的原则。首先根据用户的管理要求，建立全部管理人员的相关档案库，包括图像（照片）、姓名、性别、出生年月、类别等相应的个人信息。将印刷或打印好的个人 IC 卡通过发卡机读出卡号，同个人信息一同保存到 IC 卡及数据库中。

授权：卡片发行后，可以根据各人在不同子系统中的不同应用权限进行授权操作，分别赋予持卡人在一卡通实施的范围内的各项功能，然后发放给相关人员。

发卡管理软件的功能：根据建设方信息管理部门要求对出入口控制、电子巡查、停车场管理、考勤管理、消费等实行一卡通管理，"一卡"在同一张卡片上实现开门、考勤、消费等多种功能；"一库"在同一软件平台上，实现卡的发行、挂失、充值、资料查询等管理，系统共用一个数据库，软件必须确保出入口控制系统的安全管理要求；"一网"，各系统的终端接入局域网进行数据传输和信息交换。

出入口控制系统应能独立运行，并能与火灾自动报警系统、视频监控系统、入侵报警系统联动。当发生火警或需紧急疏散时，人员不使用钥匙应能迅速安全通过。

（3）电子巡更系统

电子巡更系统除一些金融机构有特殊要求外，绝大部分都采用离线式系统，优势在于可以省去布线，节约造价与施工时间，且灵活性高。需求书中具体说明其点位设置位置及软件内容。

1）概述。电子巡更系统是管理者考察巡更人员是否在指定时间按巡更路线到达指定地点的一种手段。巡更系统帮助管理者了解巡更人员的表现，而且管理人员可通过软件随时更改巡更路线，以配合不同场合的需要。离线式巡更系统因其不需要布线的优势被广泛使用。

巡更人员手持巡检器，沿着规定的路线巡查。同时在规定的时间内到达巡检地点，用巡检器读取巡检点，工作时伴有振动和灯光双重提示。巡检器会自动记录到达该地点的时间和巡检人员，然后通过数据通信线将巡检器连接计算机，把数据上传到管理软件的数据库中。管理软件对巡检数据进行自动分析并智能处理，由此实现对巡检工作的科学管理。

2）巡更点位。末端采用离线式巡更点布置在巡查必经线路的墙面上，多设置在大厅、走道、楼梯间等重点部位，采用粘贴或固定架方式安装。巡更棒由巡更人员随身携带，用于巡检，可以自由更换电池，一般根据巡更人员的数量以及班次确定使用量。

3）系统软件功能。电子巡更系统需要采用全中文界面，人机界面友好、操作简单、使用方便。巡更系统软件安装于计算机上，用于设定巡更计划、保存巡更记录，并根据计划对记录进行分析，从而获得正常、漏检、误点等统计报表。

其软件功能模块包含数据处理、巡检设置、数据维护、系统工具四方面。模块具体能够完成读取数据、重新分析、查询报表、数据统计、巡更线路设置、巡更人员调整与信息管理、巡更地点标注、巡更计划文档、数据的备份恢复及清理等。

（4）无线对讲系统

无线对讲系统并非所有建筑都要设置，有的建筑规模较小，采用大功率手台可以完成对讲需求时，不必设计此系统。需求书是按照在吊顶内敷设天线的方式，为实现全楼无线对讲全覆盖效果进行说明。

无线对讲系统具有机动灵活，操作简便，语音传递快捷，使用经济的特点，是实现生产调度自动化和管理现代化的基础手段。无线对讲系统是一个独立的以放射式双频双向自动重复方式的通信系统，解决因使用通信范围或建筑结构等因素引起的信号无法覆盖，便于及时联络如保安、工程、操作及服务的人员，在管理场所内非固定的位置执行职责。

采用的是数字常规通信系统和楼宇内部无线信号微功率覆盖系统，充分结合数字常规通信系统及数据应用方面的安全性和楼宇内部无线信号微功率覆盖系统（天馈分布系统）在信号覆盖方面的全面性。

天馈分布系统通过在室内设置全向天线、平板定向天线、耦合分配器、功率分配器、干线放大器、低损耗射频电缆、泄露电缆等设备将天线分布在建筑的每个角落，通过电缆与基站中心相连，使无线对讲信号通过天线进行接收或发射，实现整个建筑区域内无线信号的全覆盖。

干线采用 7/8"50Ω 皱纹同轴电缆，分支线缆采用 1/2"50Ω 皱纹同轴电缆。

（5）入侵报警系统

目前，入侵报警系统出于安全性考虑，独立于其他各系统，仍然采用总线制形式设计。该系统针对不同建筑类型特点，确定是否采用以及采用哪些具体的末端探测方式，这些内容需按照不同的建筑功能区域有针对性地说明。

1）概述。入侵探测报警系统是由入侵探测和报警技术组成。它可以协助工作人员担任防入侵、防盗等警戒工作。在防范区内用不同种类繁多入侵探测器可以构成看不见的警戒点、警戒线、警戒面或空间的警戒区，将它们交织便可形成一个多层次、多方位的安全防范报警网。

一旦犯罪分子入侵或发生其他异常情况时，报警系统立即发出声、光报警信号，同时显示出报警发生具体地址，及时通知值班人员立即采取必要的措施，并且还可以自动向上一级接警中心报警。在入侵探测报警系统中，入侵探测器就是各防范现场的前端探头，它们通常将探测到的非法入侵信息以开关信号的形式，通过传输系统（有线或无线）传送给报警控制器。报警控制器经过识别、判断后发出声响报警和灯光报警，还可控制多种外围设备，同时还可将报警输出至上一级接警中心或有关部门。

2）入侵报警点位。在首层的财务室设置紧急脚跳开关和双鉴探测器，在展厅、藏品库设置紧急报警按钮、声光报警器、双鉴探测器、声强探测器，其通过报警接线箱，通过总线制将报警信息传送至安防控制室内的系统主机当中。入侵报警系统保证在有人员入侵时可以第一时间向安防控制室发出报警，同时可以联动视频监控系统中的摄像机调取相关的视频信息。

3）传输线路。紧急脚跳开关采用RVV2×1.0线缆，双鉴探测器采用RVV4×1.0线缆，声强探测器采用RVV4×1.0线缆，紧急报警按钮采用RVV2×1.0线缆，声光报警器采用RVV4×1.0线缆。入侵报警系统接线箱采用RVVSP2×1.0线缆，使用总线制接入报警系统主机。

（6）停车库管理系统

停车库管理系统从简到繁，分为很多种设计方法，最简单的只需要根据建筑专业规划好的车辆出入口处设置岗亭即可，最复杂的是在此基础上再加入车辆引导、摄像机辅助查找车辆等系统。需求书此处是按照较为复杂的方式编写。

1）概述。由于综合体业态复杂、管理界限不清、管理效率不高、内部多为公共场所、人流量庞大，对公共设施使用情况很难做到实时跟踪管理。在停车库管理过程中，每天进出口的车流量大且管理复杂。既有访客车辆，又有长期车辆，每天的吞吐量较大。

2）点位。在停车库出入口处设置成套的入口及出口管理设备，每3个以内的车位设置一个摄像头进行车牌号识别，在车道上方设置车辆引导电子牌。

3）传输线路。为了实现监控系统的业务传输和联网，需要一个高带宽、低延时的IP网络，采用网络设备和链路资源。末端视频接入主要完成监控点的视频信号数字化，信号线缆采用六类非屏蔽网络线缆进行传输；电源线缆采用集中供电方式，集中敷设至各层弱电间，并从机房UPS电源集中对摄像机进行供电，接入交换机与核心交换机之间采用光缆完成通信。末端成套的入口及出口管理设备采用光纤接入核心交换机。

4）系统软件功能。

入口车牌识别、剩余车位显示：停车场入口摄像机对进场车牌实现精确识别。将车辆牌照、车辆图像实时传送到后台管理软件。并自动计算进出场车辆的数量，在停车场入口显示屏自动显示剩余车位信息和相对位置。

场内行驶引导：车辆进入停车场后，场内停车引导屏，为车辆提供准确的行驶方向，并提示驾驶员每个区域内的剩余车辆数量。便于车辆准确找到停放车位，大大节约了车主寻找空余车位的时间。停车引导管理系统在每个停车位附近安装了车位识别摄像机，当车辆停放后，自动抓拍车牌号码，并在后台管理软件中，自动存储该辆车的停放信息，以备车主自动查询。当车辆停放稳妥后，车位上方的指示灯自动变色及车辆引导显示屏显示车位数量自动同步减少。

剩余车位指示：停车管理系统，通过视频拍摄的车牌信息智能分析停车场内的车位数量和准确位置，为管理人员、驾驶员提供自动化的引导服务。当车位超负荷运转时，可以通过智能分析，通过发送短信、邮件等方式提醒管理人员，避免停车场超负荷运行。

反向自助寻车：车主回到车库后可以通过手机 App 或者通过位于停车场入口的自助查询机，通过输入车牌号码的方式，快速查询到自己车辆停放的位置。停车引导、电子自助付费、取车查询等功能。

无人缴费离场：在驶离停车场出口前，车主可以通过 App 自助缴费实现道闸的自动开启，也可以扫描缴费屏幕上的二维码信息实现自助缴费离场。

优惠打折缴费：当建筑举办活动时，有停车券发放的时候，停车场 App 中，也可以实现电子停车券的支付。

5.8.3 控制机房

本工程在首层设置安防控制室（与消防控制室合用），面积为 $130m^2$。

监控中心设置为禁区，应有保证自身安全的防护措施和进行内外联络的通信手段，并设置紧急报警装置、留有向上一级处警中心报警的通信接口。

5.8.4 电源与接地

安防系统采用市政双路供电，系统自带 UPS 的供电方式。UPS 集中设置在安防控制室。

安全技术防范系统电源质量应满足以下要求：稳态电压偏移不大于 ±2%，稳态频率偏移不大于 ±0.2Hz，电压波形畸变率不大于 5%，允许断电持续时间为 0~4ms。

在监控中心设置专用接地端子，采用共用基础接地，接地电阻小于 0.5Ω。

安全技术防范系统室外设备应有防雷保护接地，并应设置线路电涌保护器。

5.8.5 导体选择、敷设及设备安装

紧急报警按钮的安装位置应隐蔽，便于操作。摄像机安装距地高度，在室内为 2.5m，在室外宜为 3.5~10m；普通监视点设 SC20 热镀锌钢管，带云台监视点设 SC25 热镀锌钢管，暗敷在楼板或墙内。

出入口控制系统的非编码信号控制和 / 或驱动执行部分的管理与控制设备，必须设置于该出入口的对应受控区、同级别受控区或高级别受控区内。

电子巡更系统巡更点安装高度底边距地 1.4m。

壁挂式报警控制设备在墙上的安装位置，其底边距地面高度 1.5m，安装在门轴的另一侧（如靠近门轴安装时，靠近其门轴的侧面距离不应小于 0.5m）。

报警信号传输线的耐压不应低于 AC250V，应有足够的机械强度。

铜芯绝缘导线、电缆芯线的最小截面积应满足《安全防范工程技术标准》GB 50348、《入侵报警系统工程设计规范》GB 50394、《视频安防监控系统工程设计规范》GB 50395、《出入口控制系统工程设计规范》GB 50396 中的有关规定。

系统中使用的设备必须符合国家法律法规和现行强制性标准要求，并经法定机构检验或认证合格。

系统所有器件、设备均由承包商负责成套供货、安装、调试，并协助建设方通过当地安防办的验收。

5.9 无障碍系统（残疾人卫生间紧急呼叫系统）

无障碍系统作为单独的系统，需要实现的功能较为简单，需求书只说明其系统内各组成部分的具体要求。

（1）概述

随着人们生活水平的不断提高，对安全意识的愈发看重，无障碍设施的建设愈加完善。无障碍系统的设计遵循《无障碍设计规范》GB 50763，其中的无障碍电梯设呼叫按钮由电梯厂家配套提供，并由弱电总包负责将报警信号传送至安防控制室。

残疾人卫生间呼叫系统是重要的智能化安全系统。当残疾人在卫生间内发生事故需要帮助时，按下坐便器旁的求助按钮，使得门外的声光报警器发出警报，附近的工作人员进行施救，同时将报警信息传送至安防控制室的主机上，向安全管理人员发出报警。在得到救助后，工作人员通过按下残疾人卫生间内的复位按钮，将系统恢复到正常工作状态。

（2）点位

在无障碍卫生间内的坐便器旁底距地面 0.5m（0.4~0.5m）设置求助按钮，在门旁设置复位按钮，在门外底距地 2.5m 设求助警铃，并在吊顶内设置对应三个末端设备的控制器。

（3）传输线路

控制器与主机之间采用 RVV4×1.0 线缆。控制器至求助按钮采用 RVV2×1.0 线缆，控制器至复位按钮采用 RVV2×1.0 线缆，控制器至声光警报器采用 RVV4×1.0 线缆。

（4）软件功能

残疾人卫生间紧急呼叫系统需要采用全中文界面，人机界面友好、操作简单、使用方便。其主要用于控制器与 PC 机连接的中央监控平台，用来监控和显示设备状态，并记录和存储事故的时间、编号、解除时间。

5.10 公共广播系统

公共广播系统分为末端布线和主机两部分。其末端布线通常需与消防广播合用，鉴于需满足消防广播要求，所以由消防公司完成相关设计和施工，不再计入公共广播系统。需求书此处的公共广播系统主要计入主机部分的内容，并完成主机至全楼各处广播端子箱的布线内容。

5.10.1 系统构成与主要技术功能

公共广播由单位自行管理，在本单位范围内为公众服务的声音广播，包括业务广播、背景音乐广播和消防应急广播等。系统由节目源、前置放大器、音频分配器、控制主机（单元）、功率放大器、扬声器组成。

本工程应急广播与背景音乐共用一套音响装置，末端广播分为专用应急广播、背景音乐兼应急广播。故广播区域划分应在满足消防应急广播区域划分的前提下，满足建筑功能划分的需要，本工程按层划分区域。话筒音源，可对每个区域单独编程或全部播出。

系统应具备隔离功能，某一回路扬声器发生短路，应自动从主机上断开，以保证功放及控制设备的安全。

系统主机应为标准的模块化配置，并提供标准接口及相关软件通信协议，以便系统集成。

系统采用 100V 定压输出方式。要求从功放设备的输出端至线路上最远的用户扬声器的线路衰耗不大于 1dB（1 000Hz）。

公共广播系统的平均声压级宜比背景噪声高出 12~15dB，满足应备声压级，但最高声压级不宜超过 90dB。

应急广播优先于其他广播。

应急广播声压级不应小于 60dB，环境噪声大于 60dB 的场所，应急广播扬声器在播放范围内最远点的播放声压级应高于背景噪声 15dB。

有就地音量开关控制的扬声器，应急广播时消防信号自动强制接通，音量开关附切换装置。

在消防控制室内手动或按预设控制逻辑联动控制选择广播分区、启动或停止消防应急广播系统，同时切断背景音乐广播。火灾确认后，同时向全楼进行广播。

公共广播的每一分区均设有调音控制板（设在消防控制室），可根据需要调节音量或切除，消防应急广播时消防信号自动强制接通。

观众厅、多功能厅等场所设独立的广播系统，详见舞台工艺专项设计图纸。

5.10.2　控制机房

本工程控制机房设置在首层消防控制室，面积为 130m²。

5.10.3　电源与接地

主机功率放大器 10kW，主机应对系统主机及扬声器回路的状态进行不间断监测及自检功能。

火灾应急广播应设置备用扩音机，且其容量为 5kW。

紧急广播系统应具有应急备用电源，主电源与备用电源切换时间不应大于 1s；应急备用电源应能满足 30min 以上的紧急广播。

在广播机房内设置专用接地端子，采用共用基础接地，接地电阻小于 0.5Ω。

5.10.4　导体选择、敷设及设备安装

公共大厅扬声器安装功率为 6W，扬声器的安装方式为壁挂，底边距地 3m。车库内扬声器安装功率为 5W，扬声器的安装方式为壁挂，底边距地 3m。消防兼用广播需满足消防产品认证的需求。

音响广播系统的线路敷设按防火要求布线，采用耐火线，穿 SC20 热镀锌钢管暗敷。

系统所有器件、设备均由承包商负责成套供货、安装、调试。

5.11　信息导引及发布系统

信息导引及发布系统在综合布线系统的运营网中已经按照数据端口计入相关的布线，

该系统内需要考虑的是末端的显示屏和多媒体盒，以及主机房内的主机设备。因显示屏随精装修和业主喜好变动性较高，所以可以不做过多要求，在设计中保证基本使用即可，内容也相应体现在设备清单当中。需求书中应当重点突出该系统功能的实现。

（1）概述

数字媒体信息发布系统是用于数字化媒体内容发布的专业系统，将需要宣传和发布的内容以数字化的方式编辑制作，通过网络化的方式传输到指定的宣传发布点进行播出，将视频、音频、图片信息和滚动字幕等各类组合的多媒体信息通过网络传输到分布在不同位置的媒体显示端，然后由媒体显示端将组合的多媒体信息分组、分时段在相应的显示设备（液晶电视、LED屏、拼接屏）上播出，可以在每个屏上同一时段播放相同或者不同的节目源。具有联网和远程控制的功能，对终端可以远程管理和维护。分为主控端和媒体显示端C/S结构，同时也支持B/S结构应用。信息发布操作在控制端进行，显示端的媒体播放机控制连接显示设备。

本系统纳入运营网。信息导引及发布系统包括信息显示和信息查询系统。信息显示系统由视频显示屏系统、传输系统、控制系统和辅助系统组成。可实现一路或多路视频信号同时或部分或全屏显示。通过计算机控制，在公共场所显示文字、文本、图形、图像、动画、行情等各种公共信息以及电视录像信号，该系统主机设置在首层消防安防控制室。

（2）播放功能

1）支持的多媒体格式。可播放各种格式的图片、文档、PPT、FLASH、网页及音视频。为了保证视频文件的清晰度，所播放的文件直接播放，不允许经过格式转换播放，支持MPG、RM、WMV、AVI、WOV等视频文件，并能够支持后续新的多媒体格式，支持同时叠加多个元素同时播放（叠加字幕、边框、时钟等信息）。灵活的编排和发布节目，预览播放画面，监控节目及播放状态，定时远程开关机管理维护，定时或紧急插入发布节目或内容等，基于TCP/IP网络的控制管理和发布，含远程指令模块，实时网页接入模块等。

2）发布和播放管理。媒体显示端硬件具备硬盘存储功能，可以指定空闲时间发布。带宽占用率低，不会因为信息发布影响正常的网络办公。媒体显示端可独立播放，不依附服务器端运行，在网络断开或服务器瘫痪的条件下，不影响显示端的正常播放。

支持脱机发送，在网络瘫痪等紧急情况下能够使用USB存储器在主控端脱机发送，并将该USB存储器插入显示端媒体播放机即可进行对应显示端的播放。

可以实现播放列表、播放时间控制、屏幕划分、显示模板、滚动字幕、播放图片的多种切换效果、支持多国文字及多种中文字体和字形、具有紧急信息和临时信息的插入播放功能、分屏播放功能等多种功能的实现。

3）监控功能。要求具备集中、直观的异地显示端设备及任务播放监控功能。管理端实时监测各个播放端的系统运行情况和任务播放情况，可随时启动或者停止播放端的播放，可以对播放端进行实时接管控制，可以在控制中心实时查看播放端的播放内容及播放画面，并接收远程指令和操作。

4）媒体播放机。系统要求能够7×24h持续稳定工作；对于非高速不间断读取数据的，需连续工作。播放机自带存储，前端可独立播放，不依附服务器端运行，播放时带宽占用率低，不影响正常办公网络。

提供多种接口，可连接多种外挂设备（如USB接口、RS232串口、Wi-Fi接口、

eSATA 接口等）。支持远程唤醒（Wake-On-LAN），集成千兆网卡。可流畅播放各种格式的视频文件。支持给电自动开机功能，支持每天定时开机功能。

5.12 智能灯光系统

智能灯光系统通常纳入建筑电气专业施工图阶段的照明设计当中，其预算也计入照明系统内。但因智能灯光的控制系统同时属于智能化设计，所以需求书此处仅针对布线及控制要求等加以说明，避免项目缺失。

（1）概述

智能照明系统要求由总线制组成独立系统，连接至消防安防控制室，实现对各个区域的控制，本地就地智能照明控制、网络定时控制场景切换、远程集中控制照明场景切换等多种灯光智能控制的控制手段。采用先进、成熟的分布式照明控制系统，系统采用主干网和子网的结构，既能满足中央监控高速通信的要求，又便于系统扩展，减少故障波及面。整个系统配置时间管理器，可根据使用要求自动管理整个系统的场景切换。

整个系统联网控制，设置一个中控室，中控室内配置监控计算机和全中文监控软件，监控软件具备图形监控界面，其上可表达每个区域、每个场景、每条回路的状态，并可实时修改其状态，监控软件还可对每个设备的工作状况进行监控，并具备自动报表功能。

系统具有本地控制、时间自动控制和中心控制多种控制方式；总控设备为中央监控室计算机（配置监控软件），控制和调节功能由就地控制面板完成。系统分区控制完全独立，互不干扰，一个分区停止工作不影响其他分区和设备的正常运行；任意分区中任意器件损坏也不影响本区内其他器件正常工作。

（2）连接方式

设备采用屏蔽五类线 STP5E 线"手牵手"方式连接，以提高系统的可靠性，节省安装维护成本。

（3）系统供电

保障系统运行的可靠性，系统配置的控制模块应自带电源提供网络供电，不允许配置系统电源或者网络电源；即所有的调光模块，必须采用 AC220V 或者 AC380V 直接供电，不允许有专用的电源模块给调光模块和调光系统网络供电。

系统应采用总线形的网络拓扑结构。其规划、设计应满足集中监视的要求，与系统规模相适应，尽量减少故障波及面，系统易于扩展。

本次主要针对大厅、观众厅、公共区域、建筑景观及泛光照明等进行设计。实现中央控制、定时控制、现场可编程开关控制、红外控制、照度控制等功能要求。

5.13 会议系统

会议系统是会议室、报告厅等房间内部使用的一套较为封闭的系统，在其控制室或房间角落设置系统主机，当有与外部网络联系需求时，只需要通过控制室内的数据端口接入计算机网络系统即可。会议系统作为最复杂的智能化系统，其设计方法较多，灵活性较高，需根据业主实际需求确定各房间的系统设置后，以此为依据展开具体设计。

（1）概述

随着科技水平的进步，党政机关、企事业、文化单位等对办公现代化的要求也越来越高。多媒体会议室也已从实现视、听功能为主的简单的系统，逐步发展成为一个具有多种功能的综合性的信息资源交流场所。通过网络技术、数字音频和视频处理技术地应用，数字会议、数字显示设备、扩声设备等各类型器材大量进入会议场所，使多媒体会议系统的配置越来越专业，功能也越来越强大。系统建设以先进性、实用性、可靠性和合理性为前提，同时考虑经济性、开放性、灵活性、可扩充性和易使用易维护性。会议系统共包括音频扩声子系统、会议辅助子系统、视频显示子系统三部分。

（2）需求分析

本次设计中用户共需建设1间报告厅和1间会议室。通过逐一对这些会议室的使用功能定位分析，结合业主要求，得到需求汇总如表3-3所示。

表3-3　会议系统设置表

序号	房间名称	会议发言	无纸化会议	扩声	视频显示
1	二层会议室				√
2	二层多功能厅	√	√	√	√

（3）系统功能

会议系统是提供给用户召开会议、信息发布等功能的综合性服务平台。按照需求多媒体会议系统可以细分为以下主要的功能：能满足会议、会商、演讲以及影音娱乐等应用的扩声需要；能显示计算机、高清视频、网络等多种格式节目源的图像信号；每间会议室根据使用需求具备数字会议、无线发言等功能。

（4）设计方案

1）会议发言：报告厅在主席台区配置1套主席机和6套代表机，用于满足移动发言的需要，另外配置1套无线手持话筒和1套无线领夹话筒。

2）无纸化会议：报告厅在主席台区配置7套无纸化多媒体终端机，用于满足无纸化会议的需要。

3）扩声：根据报告厅的实际布局，设计采用6个主音箱壁挂在两侧墙面朝向观众席，采用2个辅助音箱挂在两侧墙面朝向主席台，使报告厅内的声场均匀。

4）视频显示：二层会议室配置1台86"一体机，安装在墙面，得以实现触屏操控、视频显示、声音播放、计算机及手机等个人终端设备互联的功能。

二层报告厅，主席台墙面设置一处8×5的LED拼接屏，并在观众席中间吊装2台55"显示屏。另外在报告厅前后两段各设置一台高清摄像机。这些设备用于满足日常会议、培训、视频等场景使用，同时配置多个多媒体插座和一台无线路由器实现无线传输，方便汇报、培训等场景时外接视频源使用。

5.14　信息化应用系统

智能化设计中的各系统都以硬件建设为主进行设计，而针对软件使用方面，则需要根据用户的需求有针对性地要求各系统承包商提供相应的信息化应用系统，以帮助使用方更好地利用现有硬件获取自己需要的信息。智能化设计时，需要依据规范明确应包括的系统软件，并计入设备清单当中。但承包商所提供的标准版软件是否能够满足使用方需求，是否考虑定制，则需要使用方与承包商具体沟通。

信息化应用系统是以建筑物信息设施系统和建筑物设备管理系统为基础，为满足建筑物各类业务和管理功能的多种类信息设备与应用软件组合的系统。其包括公共服务系统、智能卡应用系统、物业管理系统、信息设施运行管理系统、信息安全管理系统。另外，根据业主的管理等级选择配置基本业务办公系统、专业业务系统。专业业务系统又包括舞台监督通信指挥系统、舞台监视系统、票务管理系统、自助寄存系统（舞台监督通信指挥系统及舞台监视系统由舞台工艺设计）。

5.15　智能化集成系统（IIS）

智能化集成系统，作为智慧建筑的核心，将众多的智能化系统高度集成，实现各系统功能融合，发挥智能化设备智能的特点。需求书就各分系统间联动控制和信号传输的设计提出要求，并计入设备清单中。最终，由使用方与集成商直接沟通具体的集成内容和要达到的使用效果。

本工程对建筑设备监控系统、安全技术防范系统（特殊安防同意的情况下）、信息设施系统、信息化应用系统、消防系统（只监不控）等系统通过统一的信息平台实现集成，实施综合管理，各子系统应提供通用接口及通信协议。集成的重点是突出在中央管理系统的管理，控制仍由下面各子系统进行。

智能楼宇信息系统集成的模式应采用分层分布式集成模式，即三层集成模式：设备层系统集成、监控层系统集成、信息层系统集成。智能楼宇信息系统集成设计应遵循"总体规划、分步实施"和"从上而下设计，从下往上实施"的原则，对被集成的子系统提出设计要求、接口协议界面要求，系统集成宜采用与设备厂家无关联的集成模式，采用的软件互联通信协议应是国际标准接口协议（如 OPC、BACnet、TCP/IP、SQL、LonTalk、API、ODBC、CORBA、Modbus 等），不宜采用以 BA 厂家为中心的智能楼宇信息系统集成模式。

智能楼宇信息系统集成设计应遵循一个中心、两级管理的设计原则。智能楼宇信息集成系统必须是一个完全开放性的系统，通过开放的数据接口标准与各个子系统完成通信，以使各个子系统之间具备"可互操作性"。智能建筑信息集成系统可以通过大厦内部局域网（Intranet）以浏览器的方式实现对整个大厦内的各种设备监控和管理操作。系统设计应完全遵循国际主流标准以及相关工业标准。要求采用主流技术、产品，保证所选系统以及今后的系统扩展在先进性方面的可延续性。系统软件功能采用模块化的设计方法，模块完全根据用户的实际需要和管理模式来进行编制。系统应采用分布式的网络架构。建筑设备管理系统（BMS）应选择国内知名厂家的产品，应保证有极高的安全性、可靠性和容错性，保证设备能够长期稳定运行。

5.16　机房工程

智能化机房指所有与智能化相关的机房，如电话网络机房、有线电视机房、安防控制室、弱电间等。弱电间作为要求较低的房间，除智能化设备布置外的内容由其他专业完成。电话网络机房、有线电视机房、安防控制室作为核心机房，主要依据《数据中心设计规范》GB 50174-2017 和《建筑物电子信息系统防雷技术规范》GB 50343-2012 两个标准满足其中各项要求，包括内部的装饰装修、功能划分、空调、智能化系统供电、接地、灾害防护等，都需要由智能化专项设计单独考虑。

（1）装修系统

装修效果：舒适、明快、简洁。装修选用绿色环保以及吸音效果好、不易变色、变形、易清洁、防静电、防磁干扰、防火性能强的耐用材料。

整个机房区域的装饰装修部分主要内容包括微孔铝板吊顶、抗静电活动地板、彩钢板墙柱面、乳胶漆顶面及墙面、玻璃隔断、门窗的设计安装等整体规划。

对于本装饰工程中的隐蔽工程，需严格按照国家标准对隐蔽部分材料的要求进行设计施工。机房内采用的抗静电活动地板由不燃性材料制成。活动地板表面是导静电的耐磨层，严禁暴露金属部分。主机房内的导体与大地作可靠的联接，不得有对地绝缘的孤立导体。

（2）供配电系统

按照技术要求，机房供电系统分为两部分：不间断电源系统和市电系统。UPS回路：机房UPS供电电源经UPS稳频、稳压、调整电压波形后为计算机设备、网络设备等供电，同时也为UPS后备电池充电；当遇到市电供电线路断电时，UPS后备电池立即放电，经UPS逆变后给计算机设备不间断供电。市电回路：插座、空调、照明、新风、排烟及其他具有电冲击性及感性和容性的设备使用，对不同相位分配均衡负载。

从大楼总配电室各引两条专用线缆分别作为机房的专用供电回路，此部分电缆均由大楼强电单位安装到机房内指定位置。

（3）空调系统

网络电话机房设置精密空调，精密空调设备投标时应提供GCC产业诚信联盟认证证书、产品节能试验报告。

（4）防雷与接地系统

本工程按照三级电源防雷系统进行设计。电源第三级防雷：在机房UPS主机输出端分别加装一套三相/单相电源防雷器。

本工程采用联合接地方式。交流接地、安全保护地、直流工作接地、防雷接地、防静电接地、屏蔽接地等公用一组接地装置。机房四周用∠40mm×40mm×4mm角钢做一套抗静电保护地，将计算机设备的金属外壳、UPS金属外壳、金属地板支架，以及金属框架、设施管路就近连接至该保护地，采用线径不小于$6mm^2$，同时与机房安全工作接地、防雷地等以最短距离形成结构相连。机房机柜下方采用30mm×3mm紫铜排组成等电位接地网络，安全工作接地、防雷地等以最短距离形成结构相连，并用$50mm^2$铜芯线引至大楼联合接地端子。本机房的接地系统为联合接地方式，采用大楼联合接地桩，需检测大楼联合接地桩，接地电阻$R \leqslant 1\Omega$，检测合格后方可使用。要求选用的防雷产品完全满足机房电源系统要求，经当地防雷中心验收通过发放"检测合格证"。

（5）灾害防护系统

承重处理：在满足机房承重要求的前提下，具体参照《数据中心设计规范》GB 50174对建筑与结构的要求。由于机房内设备机柜数量较多，机柜内设备也较为集中，需考虑UPS电池承重处理、UPS主机承重处理、配电柜承重处理等，采用角钢焊接制作承重固定支架。

防水、防鼠咬处理：空调下地面采用防水涂料做好防水处理，并做好恢复保护措施；外墙及外墙玻璃窗采用防水涂料做防水处理，并做好恢复保护措施；机房内所有线缆均穿金属线槽和金属钢管架空敷设；封堵好机房与外界交界处的洞孔；在机房内地板下设置电子驱鼠器。

第4章 图 例

  图例是集中于图纸上各种符号所代表内容与参数的说明，用于辅助识图。以信息插座为例，它的名称是信息插座，并注明了其按综合布线系统组网计入有线网中，且采用双口面板（数据端口和语音端口）。另外，在安装说明中，写明其是距地面 0.3m 暗装。

  图例一方面作为表示图纸内容的符号，方便读图，另一方面确保对应本套图纸的完备性和一致性。其设计主要参考国家标准图集 09DX001《建筑电气工程设计常用图形和文字》。随着时代的不断发展，当标准图集不满足使用需求时，工程师可以结合工程需要，合理地创建图例，用来更好地表达图面信息。

  在全套的图纸中，图例包含了所有图纸中的图形符号，形成一张完整的图纸，放置在全套图的前面。图例按智能化各系统，分类顺序排列，既包括平面图图例也包括系统图图例，见图 4-1。

图例

图形符号	名　称	数量	单位	规格型号及安装说明
综合布线系统				
	综合布线箱	一	台	距地1.2m安装
	住宅信息接入箱	一	台	距地0.5m暗装（包含：有线电视分配器、ONU设备、路由器、电话配线模块、220V电源，强弱电间加隔板）
TD1	数据插座（有线网）（单口面板）	一	个	距地0.3m暗装
TD2	数据插座（有线网）（单口面板）	一	个	距地0.3m暗装　地面信息插座采用抗压防水地埋
TD3	数据插座（运营网-信息发布）（单口面板）	一	个	距地1.8m暗装
TD4	数据插座（运营网-信息发布）（单口面板）	一	个	抗压防水地埋
TD5	数据插座（运营网-信息查询）（单口面板）	一	个	距地0.3m暗装
TD6	数据插座（运营网-信息查询）（单口面板）	一	个	抗压防水地埋
TD7	数据插座（运营网）（单口面板）	一	个	距地0.3m暗装
TD8	数据插座（运营网）（单口面板）	一	个	抗压防水地埋
TP	电话插座（有线网）（单口面板）	一	个	距地0.3m暗装（卫生间距地1.0m安装）
TP	信息插座（有线网，电话+数据）（双口面板）	一	个	距地0.3m暗装
TO	地面信息插座（电话+数据）（双口面板）	一	个	抗压防水地埋
WF	无线网络信息点	一	个	吊顶内预留
─T─	六类双绞线UTP6			(2×UTP6)/(1×UTP6)-JDG25-ACC/WC
有线电视系统				
	电视分支分配器箱	一	台	距地1.2m安装
	电视插座	一	个	距地0.3m暗装
TV	电视插座	一	个	在吊顶下安装
	干线放大器	一	个	
	楼层放大器	一	个	
	二/三/四路分配器	一	个	
	二/三/四分支器	一	个	
	终端电阻（75Ω）	一	个	
─V1─	视频管线（干线）			(1×SWYV75-9)-JDG32-ACC
─V2─	视频管线（支干线）			(1×SWYV75-7)-JDG32-ACC
─V3─	视频管线（端口分支线）			(1×SWYV75-5)-JDG25-ACC
建筑设备监控系统				
	设备监控接入点（直接数字控制器）	一	台	距地1.2m安装
CO	一氧化碳探测器	一	个	
CO2	二氧化碳探测器	一	个	
Sn	硫化物探测器	一	个	
─BA─	设备监控系统总线			(1×RVSP2×1.0)-JDG25-ACC/WC
建筑能耗监测系统				
	能耗监测接入点（数据采集器）	一	个	弱电间内安装
	电表	一	个	
	水表	一	个	
	热力表	一	个	
─EM─	能耗监测系统总线			(1×RVSP2×1.0)-JDG25-ACC/WC
⊙	接线盒	一	个	

图形符号	名　称	数量	单位
智能照明系统			
Z1	智能照明模块，2/4/6/8路开关/调光模块	一	个
Z2	智能照明模块，2/4/6/8路开关/调光模块（消防强制点亮）		
M1	智能照明开关液晶面板	一	个
M2	智能照明红外探测器	一	个
─B─	智能照明系统总线		
公共广播系统			
	广播接线箱	一	台
	背景音乐兼火灾报警声器	一	个
	背景音乐兼火灾报警声器	一	个
	火灾应急广播扬声器	一	个
	号筒式扬声器	一	个
	室外防水音柱	一	个
─BC─	火灾广播线路		
客房控制系统			
RCU	客房RCU箱	一	台
⊙	门铃	一	个
	门磁	一	个
	单/双/三联开关	一	套
X	温控开关	一	个
M	插卡取电开关	一	个
⊙	紧急求助报警装置	一	套
	红外探测器	一	个
视频监控系统			
AF	安防布线箱	一	台
	枪式摄像机	一	个
	半球摄像机，带*的支持人脸识别功能	一	个
	彩色带云台一体化球机	一	个
	带室外防护罩的彩色一体化球机	一	个
	带室外防护罩的彩色带云台一体化球机	一	个
	电梯轿厢专用摄像机	一	个
─J1─	视频监控管线（数字式）		
─J2─	视频监控管线（数字式）		
门禁系统			
	读卡器	一	个
	电控锁+门磁	一	个
⊙	出门按钮	一	个
─M─	门禁线缆		
所有管线明敷采用JDG，暗敷采用SC			
▭▭▭	金属槽盒敷设	一	m

图 **4-1**

规格型号及安装说明
配电箱内安装
配电箱内安装
距地1.2m壁装
吸顶安装或距地2.5m壁装
(1×RVSP2×1.0)-JDG25-ACC/WC
距地1.2m安装
嵌入式安装 1W
距地3.0m壁装音箱 5~10W可调
嵌入式安装（无吊顶处吸顶安装）3W
距地2.5m壁装（车库）5W
立杆安装：距地3.5m以上 60W
NH-RVB(2×1.5)mm²-SC20
距地1.2m暗装，衣柜内嵌入式安装
距地1.3m安装
门洞上方200mm预留接线盒
250V 10A 距地1.3m暗装，距门框0.2m
距地1.3m暗装
距地1.3m暗装
距地1.3m安装
吸顶安装
距地1.2m安装
支架式安装
吸顶式安装
吸顶式安装或壁装
壁装或立杆安装，安装高度3.5m
壁装或立杆安装，安装高度6m
吸顶安装
UTP6-JDG25 WC/ACC/FC
(UTP6+BVV3x1.5)-2×JDG25 WC/ACC/FC
距地1.3m安装
门洞上方200mm预留接线盒
距地1.3m安装
(RVVP6×1.0)/(RVV4×1.0)/(RVV2×1.0)-JDG25
WC/ACC/FC
弱电线路: SR (WxH)

图形符号	名 称	数量	单位	规格型号及安装说明
可视对讲系统				
▭	可视对讲楼层箱	一	台	距地1.2m安装
图	单元口主机或围墙机	一	套	距地1.3m安装
◉	门铃	一	套	距地1.3m安装
⊙	紧急求助报警装置	一	套	距地1.3m安装
⊠	可视对讲户内机	一	个	距地1.3m安装
GG	可视对讲数据管线			1×UTP6-JDG25 　WC/ACC/FC
G	可视对讲支路管线			RVV2×1.0-JDG25 　WC/ACC/FC
入侵报警系统				
SA	入侵报警楼层箱	一	台	距地1.2m安装
◁	被动红外探测器	一	个	吸顶式安装或壁装
◁	被动红外/微波双监探测器	一	个	吸顶式安装或壁装
◈	被动玻璃破碎探测器	一	个	吸顶式安装或壁装
⊘	紧急脚挑开关	一	个	
⊙	紧急按钮开关	一	个	
TX	周界主动红外发射端	一	个	墙壁或支架上方支架安装
RX	周界主动红外接收端	一	个	墙壁或支架上方支架安装
B1	探测器报警线			RVV4×1.0-JDG25 　WC/ACC/FC
B2	按钮报警线			RVV2×1.0-JDG25 　WC/ACC/FC
巡更系统				
⊡	离线式巡更点	一	个	距地1.3m安装
无线对讲系统				
⊟	无线对讲天线	一	个	吊顶内安装
D	无线对讲线缆			干线7/8"，分支线1/2同轴射频电缆-JDG32 　WC/ACC/FC
无障碍呼叫系统				
◎	残疾人卫生间呼叫按钮	一	个	距地0.5m暗装
⊠	残疾人卫生间复位按钮	一	个	距地1.3m暗装
▦	残疾人卫生间声光报警器	一	个	残疾人卫生间门上方200mm壁装
C	残疾人卫生间控制器	一	个	残疾人卫生间门外吊顶内壁装
S	声光报警器线			RVVP4×1.0-JDG25 　WC/ACC/FC
停车场管理系统				
▣	视频区域控制器	一	台	距地1.2m安装
▽1/2/3	视频探测器1对1/1对2/1对3	一	个	线槽支架安装，据2.5m，设置高度需避开遮挡物
⇧	单向引导屏	一	个	据地2.5m吊装
⇔	双向引导屏	一	个	据地2.5m吊装
P1	户外引导屏	一	个	室外落地安装
P2	立式查询终端	一	个	室外墙上壁装
C1	车库引导视频管线			(UTP6+RVV2×1.0)-2×JDG25 　WC/ACC/FC
C2	车库引导总线管线			(RVSP2×1.0+RVV3×1.5)-2×JDG25 　WC/ACC/FC

图例

第 5 章　信息能源设计图

5.1　综合布线系统

5.1.1　基础知识及技术原理

综合布线系统是一套为顺应发展而特别设计的布线系统。对于建筑而言，就如同人体的神经系统，其采用多种高质量的标准材料，以模块化的组合方式，把语音、数据、图像、信号等用统一的传输媒介进行综合，成为一套标准的布线系统。与其说综合布线系统，不如说将其称为综合布线架构更为贴切，是智能化设计的基础与核心。该系统主要依据《综合布线系统工程设计规范》GB 50311−2016。

综合布线系统按照不同的原理可以分为三层结构、六个子系统、多套组网。另外，公共建筑和住宅建筑，在信息网方面又分为两种综合布线架构形式。

（1）三层结构

综合布线系统采用扁平化结构，为共计三层的星型拓扑结构形式，分别是核心层、汇聚层、接入层。针对不同工程项目，还可简化为二层的星型拓扑结构形式，核心层、接入层。比如，学校为了便于管理，通常在校园内设置一处核心层机房，在每栋单体建筑处设置汇聚层机房，每层设置接入层机房。一般的单体办公楼不设置汇聚层机房。设置汇聚层与否主要取决于是单体建筑还是建筑群。

（2）六个子系统

综合布线系统可细分为六个子系统：工作区子系统、水平子系统、管理区子系统、干线子系统、设备间子系统、建筑群子系统。工作区子系统，指网络面板连接到用户设备及相应连线的区域，如计算机通过网线连接网络插座。水平子系统，指每层弱电间内交换机端口至工作区设备面板间的线缆，通常采用六类非屏蔽双绞线，其带宽满足绝大部分通信设备需求。另外，《综合布线系统工程设计规范》GB 50311−2016 中要求这段线缆要小于 100m，以保证传输效果。管理区子系统，指弱电间内机柜、柜内交换机、配线架等设备。干线子系统，指由楼内电话网络机房至弱电间采用的干线传输线缆，通常采用 6 芯单模光纤，足以满足 10km 内的网络传输需求。设备间子系统，指单体建筑的电话网络机房，是汇聚层或核心层，分别对应汇聚设备或核心设备。建筑群子系统，指有建筑群时设置的总电话网络机房，内部设置核心层机柜、交换机、配线架、服务器、防火墙、主机等设备。

对比三层结构，接入层包括工作区子系统、水平子系统、管理区子系统三部分，汇聚层包括干线子系统、设备间子系统两部分，核心层为建筑群子系统，见图 5−1。对比两层结构，接入层包括工作区子系统、水平子系统、管理区子系统三部分，核心层包括干线子系统、设备间子系统两部分。

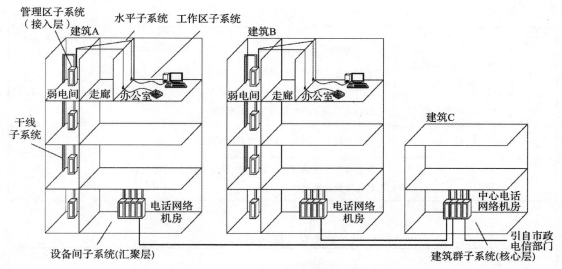

图 5-1　综合布线系统架构图

（3）多套组网

智能化专项设计在智慧建筑的理念下，逐步朝着高度集中、融合的架构形式发展。现将所有智能化系统的架构形式总结于表 5-1 中，组网方式见表 5-2。从表 5-2 中可以清晰地看出，除有线电视系统、入侵报警系统、无线对讲系统没有采用综合布线架构，其他系统已经做到较高程度的集中设计。组网的概念正是在这样的理念下诞生的。

表 5-1　智慧建筑系统归纳

序号	系统名称		系 统 架 构	纳入综合布线系统
1	综合布线系统		不论采用模拟电话还是数字电话均按照综合布线系统架构实现	是
2	计算机网络系统			是
3	电话系统			是
4	移动信号覆盖系统		由运营商负责，不在民用建筑设计范围内	—
5	有线电视系统		采用独立的同轴电缆构成（网络电视纳入综合布线系统）	否
6	建筑设备监控系统		分为总线制架构和综合布线架构两种	可以
7	建筑能耗监测系统		分为总线制架构和综合布线架构两种	可以
8	信息引导及发布系统		采用网络端口实现功能	是
9	安全防范系统	视频监控系统	随着数字摄像机的普及，现已全部采用综合布线系统架构	是
10		门禁控制系统	分为总线制架构和综合布线架构两种	可以
11		停车库管理系统	末端以总线制结合多线制实现，通过网关实现综合布线的接入层	是
12		入侵报警系统	以安全性为首要目的，采用独立的总线制	否
13		无线对讲系统	由通信线构成独立的通信系统	否
14		电子巡更系统	普遍采用离线式巡更系统，无须布线	—

续表 5–1

序号	系统名称	系 统 架 构	纳入综合布线系统
15	残疾人卫生间紧急呼叫系统	末端以多线制实现，通过网关实现综合布线的接入层	是
16	智能照明系统	分为总线制架构和综合布线架构两种	可以
17	广播系统	分为总线制架构和综合布线架构两种	可以
18	会议系统	是会议室、报告厅等房间单独设置的一套闭环系统，与外部连接借由网络端口实现	—

表 5–2　组网方式

项目规模小或重要性低	项目规模中等或重要性一般	项目规模大或重要性高	系 统 内 容
信息网	内网	内网	综合布线系统；计算机网络系统；通信系统；网络电视系统
	外网	外网	综合布线系统；计算机网络系统；通信系统；网络电视系统
设备网	设备网	运营网	建筑设备监控系统；建筑能耗监测系统；信息引导及发布系统；智能照明系统；广播系统
		安防网	视频监控系统；门禁控制系统；停车库管理系统；残疾人卫生间紧急呼叫系统
专网	专网	专网	政务网、财务网、公安网

　　一栋建筑采用综合布线架构的智能化系统多达十余项，如果全部采用一套网络实现显然是不现实的，那么就需要根据建筑的规模、所涉及系统的数量，决定组成几套网络。通常，最多可分为五套网络：内网、外网、运营网、安防网、专网。

　　内网和外网都是承担通信（网络、电话）的网络。内网承担与内部网络的通信（局域网），外网承担与外部网络的通信（广域网）。内网、外网分开建设通常应用在政府办公楼、银行、医院等涉及保密信息的建筑。内外网从主机到末端插座全部分开设置（末端一个工位设置两个面板，一个内网数据和电话插座，一个外网数据和电话插座）。其意义在于，黑客可以通过一套网络的任意端口设备侵袭并控制整套网络系统，但无法侵袭完全物理分隔的另一套网络。有些建筑根据其特点会按照有线网与无线网分隔，比如，剧院建筑的公共区域以设置无线网络为主，后部办公区以有线网络为主，则可按照有线网和无线网来保证办公区网络安全。

　　运营网和安防网。运营网是用于建筑运营管理的网络，维护着建筑的正常运转。安防网是用于安全防护的网络，承担着建筑的安全保卫工作。两者都是主机设置在安防控制室的内部网络。

专网。大部分工程不需要接入专网，只有在运营管理上与政府、公安相关的建筑，以及一些有特殊要求的地区，才需要按照当地相关部门及业主的要求接入对应的专用网络，如政务网、财务网、公安网等。专网属于由市政相关部门引来的外部专用网络，系统形式与信息网相同。区别在于由市政引来，进入电话网络机房，再到末端设备均单独敷设，且不允许其他设备接入。

（4）系统原理

综合布线系统是一种布线架构，其最早是一种方便电话与网络末端快速互换的布线系统，现已慢慢演变为各系统的基础架构形式。这一架构由末端的插座、弱电间设备、电话网络机房设备及三者间的线缆构成，见图 5-2。

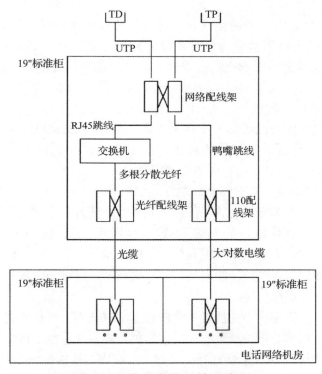

图 5-2 综合布线系统示意图

结合《综合布线系统工程设计规范》GB 50311-2016 理解，系统原理可分为以下知识点：

1）信息插座。按性质分为数据和电话两种端口，按数量分为单口和双口面板。进而有多种组合，如含数据和电话两个端口的信息插座、数据单口插座、数据双口插座、电话单口插座、电话双口插座等。每个端口采用 RJ45 的 8 位模块，其可按 568A 或 568B 方式连接网线。

2）双绞线。按传输能力分为 5 类、超 5 类、6 类等，按类型可分为屏蔽和非屏蔽型。综合布线系统通常采用 6 类非屏蔽双绞线。双绞线共计 8 根铜线铰接在一起，针对 1 个数据端口，其中2根用于传输数据的一收一发，2根用于检测，2根用于POE供电（如无线数据点、摄像机需要，不需要的可作为备用），2根备用。针对1个电话端口，其中2根用于传输数据的一收一发，其余6根备用，其仍采用8根是为确保需要将其转换为数据端口时，直接改插座端口和交换机处的跳线即可，避免重新敷设弱电间至插座的线路。

3）配线架。安装在弱电间19″标准机柜中，与交换机、双绞线配套设置，如采用24口交换机，六类双绞线，则采用24口六类配线架。配线架通过RJ45跳线与交换机相连。

4）跳线。分为网络跳线（RJ45跳线）和鸭嘴跳线（110-RJ45跳线）两种。网络跳线用于连接网络配线架和交换机，鸭嘴跳线用于连接模拟电话系统的110配线架和连接板。

5）交换机。一种光电信号转换设备，将光纤传输的光数据转换为电信号通过电线传输到末端。交换机按照类型分为非有源以太网供电的普通型和POE供电型两种，用于计算机、电话、显示屏、查询机的数据和电话端口都采用普通型，而需要低电压供电的设备如非云台摄像机（变焦镜头需要供电）、无线网络Wi-Fi发射器等需要采用POE供电型。交换机按照端口数量可分为24口交换机和48口交换机，其后部出线端口分别是24个和48个，但为配合配线架，工程中通常选用24口交换机。采用24口交换机时，交换机数量＝末端点位数÷24，并预留20%的余量后，向上取整。以15个点位为例，15×（1+20%）÷24=0.75，取一台24口交换机。

6）光纤。是一种由玻璃或塑料制成的纤维，可作为光传导工具。光纤一端的发射装置使用发光二极管或一束激光将光脉冲传送至光纤，光纤另一端的接收装置使用光敏元件检测脉冲，以此完成数据传输。光纤按照芯数可以分为2芯、4芯、6芯、12芯等多种规格。光纤按照类型可以分为单模和多模两种，单模传输距离更长、价格更低，但需要配合价格较贵的激光器使用，多模传输距离稍短、价格稍高，但可配合较便宜的发光二极管使用，现工程中两种方式都有使用。

光纤规格。首先需确定核心交换机为单核心还是双核心，双核心则一台正常使用，另一台作为热备用，单双核心由工程重要性决定。单核心系统，按1台交换机对应1根2芯光纤（一收一发）并预留30%余量计算，且每4台以内交换机备用2根光纤。比如，1台交换机需要采用1根4芯光纤，2台交换机采用1根6芯光纤。双核心系统，按1台交换机对应2根2芯光纤（2芯是一收一发，2根是分别去往2台核心交换机）并预留30%余量计算，且每4台以内交换机备用2根光纤。1台交换机需要采用1根6芯光纤，2台交换机采用1根12芯光纤。由于工程中为方便订货，通常统一规格采用1×6芯光纤或者1×12芯光纤。

7）光纤配线架。用于汇总各台交换机前部的光纤，并将光纤送往电话网络机房的光纤配线架。通常采用24口光纤配线架，且汇总后的光纤数量不变。

8）理线器。是一种安装于机柜内，用于配合配线架使用的配件。其使线缆在压入模块之前不再多次直角转弯，减少了线缆自身的信号辐射损耗和对周围线缆的辐射干扰，同时让机柜整体走线更加美观及规范。1个配线架对应使用1个理线器。

9）19 "标准机柜。分为 600mm×600mm 和 800mm×800mm 两种规格，用于弱电间、电话网络机房、安防控制室等房间，放置设备使用。19 "标准柜由其规定尺寸得名，宽是 48.26cm=19in，高是 4.445cm 的倍数。机柜内采用国际通用计量单位是 U 表示其内部有效使用空间，1U=4.445cm，使用最广泛的是 42U 标准柜，另外还有 6U、12U、20U、32U、37U、47U 多种规格。前述的配线架、交换机、光纤配线架、理线器，分别按 1U 计算。以此计算，每个弱电间内的机柜最多可以设置 12 台交换机，配套设置 12 个配线架、12 个理线器，占用 36U，光纤配线架和理线器占用 2U，共计 38U，余下 6U 作为备用。

10）主机房。分为电话网络机房和安防控制室等，其内以核心交换机为中心，一端连接对应的系统主机、存储、服务器、外部网络等，另一端通过光纤配线架连接各弱电间内设备。

11）110 配线架。起着传输信号的灵活转接、灵活分配以及综合统一管理的作用。其按大对数电缆分为多种，通常采用 50 对或 100 对 110 配线架，将大对数电缆送往电话网络机房的 110 配线架。

12）三类大对数电缆。是用于语音系统的一种线束成对的电缆，分为 25 对、50 对、100 对等规格，具体规格依据工程中语音端口数量决定，做到整个工程统一。1 对三类大对数电缆对应 1 个末端点位，对数等于末端电话端口数，并计入 10% 的余量。以 15 个电话端口数量为例，15×（1+10%）=16.5，再按规格向上取整，采用 1 个 25 对 110 配线架和 1 个 24 口六类网络配线架。

13）数据与电话端口转换。综合布线系统架构创立之初的优势在于数据与电话端口的快速转换。以电话端口转换为网络端口为例，见图 5-3（与图 5-2 对应），设计时某位置设置为电话插座，但实际使用时此处需要网络而不需要电话。此时，将电话插座更换为数据插座，在弱电间 19 "标准柜中，将原电话插座对应的网络配线架进线口的鸭嘴跳线拔掉，替换为 RJ45 跳线，连接至交换机的备用接口上，便完成了插座转换，反之亦然。

1）~10）是针对数据传输的知识体系，适用于以综合布线系统为架构的系统，如网络、数字电话、数字电视、视频监控等。模拟电话系统与此略有差异，其同样采用信息插座、网线、配线架、理线器、19 "标准柜，但不需要交换机，同时光纤配线架调整为 110 配线架，系统干线由光纤传输改为三类大对数电缆传输。

本小节所讲内容为公共建筑综合布线的方式，而住宅建筑其道理相同，但将弱电间内设备浓缩融合为光猫，以每户住宅为单位设置光猫。光猫后部采用双绞线接至末端插座。光猫前部则通过光纤直接引致运营商机房。具体参看本书"5.1.3　住宅建筑"。

（5）公建与住宅的信息网布线形式

公共建筑通常采用"三网合一"，三家运营商按一套网络。所以综合布线系统设置一处电话网络机房，采用光纤送至各楼层弱电间内的交换机中，再通过双绞线接至各办公室网络面板的端口，实现网络传输。

住宅建筑是以每户家庭作为单独的单位，所以弱电间设交换机到末端的方式并不利于管理与计费。故采用由运营商机房直接拉光纤至各栋楼的各单元，光纤通过分纤箱分成若干根，每户拉入 1 根 2 芯光纤至光猫，再分路通过双绞线连接至各房间网络和电话面板的端口。

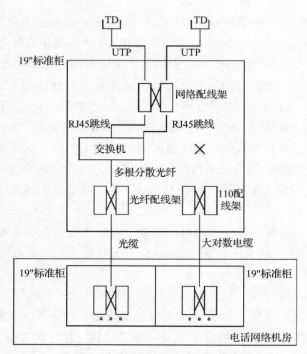

图 5-3　数据与语音跳线示意图

5.1.2　公共建筑

公共建筑涵盖了所有民用的非住宅建筑，如办公楼、商场、医院、停车场、机场、剧院、幼儿园等。

本章所用图例均与本书第 4 章相对应。

（1）末端布置

综合布线末端设计是由建筑物内相应区域的功能所决定的。一般建筑物内通常需要考虑设置的区域有公共区域，包括走廊、楼梯间、电梯厅、大堂；办公室；会议室；餐厅；厨房；库房；设备机房；电气机房；电梯轿厢等。

综合布线末端可分为数据插座、电话插座、信息插座（数据+电话）、无线网络信息点、设备监控接入点（直接数字控制器）、能耗监测接入点（数据采集器）、摄像机、门禁控制器等。再按照最多的四套网考虑，可细分为有线网，含数据插座（单口面板）、电话插座（单口面板）、信息插座（双口面板，数据+电话）；无线网，含无线网络信息点（即 Wi-Fi）；运营网，含信息发布数据插座（单口面板）、信息查询数据插座（单口面板）、网关数据插座（单口面板）；安防网，含各类摄像机、各种规格门禁控制器。

针对各种末端设置可以大致总结如下：

有线网插座依据对于网络和电话的需要，如办公室、休息室、会议室等，依据家具排布在墙面或地面设置。无线网络信息点本身根据可以接入的设备数量分为普通型、高密度型等多种类型，因最终设备采购的不确定性，所以设计中按照一个点覆盖 15m 半径为准。信息发布数据插座设置在公共区域，为屏幕提供信息传输，屏幕播放节目，其依据需要信息屏的位置设置，如售票处的墙边和顶部、大厅的正面墙边、电梯旁的墙面，具体位置可询问业主或建筑专业。一个显示屏对应一个插座，拼接屏按一个显示屏考虑。信息查询数据插座设置在公共区域，为查询机提供信息传输，其依据需要设置查询机的位置设置，如售票处的墙边和顶部、大厅的正面墙边、电梯旁的墙面，具体位置可询问业主或建筑专业。一台查询机对应一个插座。网关数据插座用于其他系统接入，通常设置在机电用房内，如制冷机房的设备监控为独立系统需厂商配套设计，其通过网关接入建筑设备监控系统。

安防网设计原理相同，仅在末端有所差异，设计图及讲解可参看本书第 6 章，本章不再涉及安防网内容。

1）公共区域。公共区域主要包括走廊、楼梯间、电梯厅、大堂等。这些区域一般不需要有线网，应考虑设置无线网、运营网。

以图 5-4 为例，建筑内多为狭长走道，其串联起多个区域，如电梯厅、各办公室、楼梯间、卫生间等。一般不需要设置有线网末端，需要设置无线网络信息点、信息发布数据插座。无线网络信息点覆盖半径 15m，四周办公室未在图中体现，但最远端距离不超15m，所以只需要在走道端头设置 AP 点即可保证办公室内人员上网。同理，卫生间、楼梯间都可由走道设置的 AP 点覆盖到，不需要另外设置，所以图中在四角及中间的电梯厅共设置 5 个 AP 点。信息发布数据插座，因是办公楼层，所以只需要考虑电梯厅内电梯旁装设，图中电梯厅 4 部电梯一组，在其中间的三段墙上分别设置。另外，有两部楼梯间的消防电梯，若通常用于清洁人员使用可不设置。若设置，因电梯门旁墙体宽度不足，需要在侧面墙上设置。

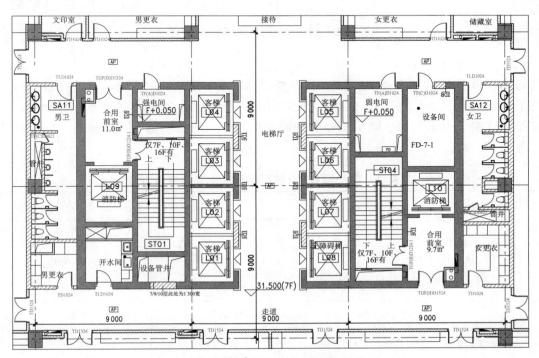

图 5-4　走道综合布线平面图

以图 5-5 为例，大厅多为高大空间，作为一栋建筑的门面，通常是整栋建筑的重点。有线网信息插座主要在收发室、值班室这类办公房间设置，而大厅一般不设置。无线网络信息点覆盖半径 15m，且考虑大厅吊顶过高，故设置在柱子或墙面处，保证安装高度在 4m 以下，共设置六处即可覆盖整个大厅。信息发布数据插座配合建筑注明的位置，在正对大门的两侧墙面设置，按拼接屏考虑，故各设置一个插座。信息查询数据插座配合建筑注明的位置，在东北侧墙面设置，两台查询机对应设置两个插座。

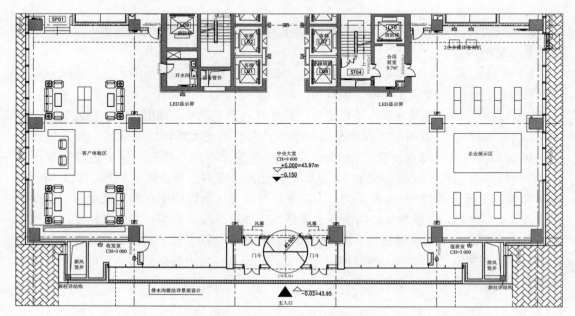

图 5-5　公共大厅综合布线平面图

2）办公室和会议室。办公室和会议室是使用有线网插座的重要区域。该工作区内的端口放置数量是有据可循的，具体参看表 5-3 和表 5-4，表格出自《综合布线系统工程设计规范》GB 50311-2016 的条文说明。办公室除名称是办公室的房间外，还有如会计室、值班室等，同属于办公性质的房间。房间内按每个工作区一个信息插座考虑。

表 5-3　办公建筑工作区面积划分与信息点配置

项　目		办公建筑	
		行政办公建筑	通用办公建筑
每一个工作区面积 /m²		办公：5~10	办公：5~10
每一个用户单元区域面积 /m²		60~120	60~120
每一个工作区信息插座类型与数量	RJ45/ 个	一般：2，政务：2~8	2
	光纤到工作区 SC 或 LC	2 个单工或 1 个双工或根据需要设置	2 个单工或 1 个双工或根据需要设置

表 5-4 信息点数量配置

建筑物功能区	信息点数量（每一工作区）/ 个			备注
	电话	数据	光纤（双工端口）	
办公区（基本配置）	1	1	—	—
办公区（高配置）	1	2	1	对数据信息有较大的需求
出租或大客户区域	2 或 2 以上	2 或 2 以上	1 或 1 以上	指整个区域的配置量
办公区（政务工程）	2~5	2~5	1 或 1 以上	涉及内、外网络时

办公室依据家具排布方式可分为大办公室和小办公室两种，两者在设计方法上有所区别。小办公室因空间狭小，家具通常贴墙布置，所以末端设计在墙面，见图 5-6，图中办公室面积为 36m²，按照表 5-3 和表 5-4 中的要求，按较为宽松的办公区考虑，需设置 4 个信息插座（数据 + 电话）。考虑到是长方形办公室，家具应为 4 套分别贴墙布置，所以 4 个插座均布在长边的墙面。另外，考虑门旁墙面可设置打印机、扫描仪等设备，故也设置 1 个插座。无线网则由设置在办公室外的走道处的 AP 点覆盖。

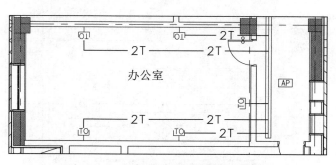

图 5-6 小办公室综合布线平面图

大办公室因空间较大，家具无法贴墙排布，所以插座设置在地面（见图 5-7），这时优先按照建筑专业的家具排布设置，每个办公桌下 1 个地面型信息插座。另外，考虑四周设置打印机、扫描仪等设备，故每段墙面处设置 1 个数据插座。无线网则由设置在办公室外的走道处的 AP 点覆盖。当办公室面积过大，超出 AP 点覆盖范围时，可在办公室内增设 AP 点。

建筑如果按照内网与外网进行组网，则每个工位需要设置两个插座，一个接入内网系统，另一个计入外网系统。

会议室通常为长方形房间，以图 5-8 为例，该房间面积 30m²，于房间中部摆放会议桌。按要求，需在会议桌下方设置两个地面型信息插座，且考虑一些网络设备使用方便，可在三个墙面分别设置一个信息插座。另外，考虑到会议室通常需要设置投影仪或者墙面壁装的显示器，所以在顶面、地面分别设置一处接线盒，并预留管径 50mm 的热镀锌钢管

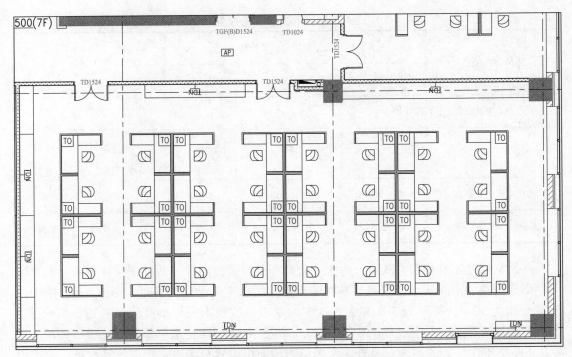

图 5-7 大办公室综合布线平面图

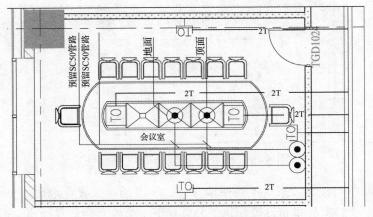

图 5-8 会议室综合布线平面图

（SC50）连通。以方便使用者穿 HDMI 或 VGA 的视频线，连接桌面的计算机、墙面的显示器或顶面的投影仪。

这是一般会议室的做法，若设计会议系统，参看本书"5.10 会议系统"。

3）厨房、餐厅。厨房作为功能性用房，通常不需要综合布线末端，但为方便使用可在门口处设置 1 个信息插座。另外，考虑到通信及智慧厨房的应用，需保证无线网的全覆盖，优先考虑走道设置 AP 点，若无法覆盖则在厨房内增设点位，详见图 5-9。

4）设备机房。设备机房如果没有值班室可以不设置，有值班室的需设置，如热交换站、制冷机房、消防泵房，其内只考虑一人工位即可。设计方法参照办公室完成。

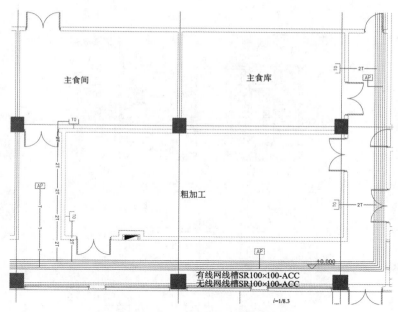

图 5-9　厨房综合布线平面图

5）电气机房。电气机房包括变配电室，消防安防控制室，电话网络机房，弱电进线间等，都需要设置信息插座。变配电室有值班室，长期有人员值班，按办公室考虑。消防安防控制室，长期有人值守，可沿墙设置 4~8 个信息插座，具体需避开排布设备遮挡位置。电话网络机房，弱电进线间无人员值班，且其网络与电话可直接从设备处取得，可不设置插座。无线网利用走道上的 AP 点覆盖。

消防安防控制室，电话网络机房的设备排布参看本书第 7 章。

6）卫生间、库房、车库、电梯机房。这些区域属于功能性用房，不会有人长期停留，也没有办公或是娱乐性的需要，可不设置信息插座。卫生间、库房、电梯机房的无线网利用走道上的 AP 点覆盖。车库可不设置无线网，若项目定位较高端，设置时按照每个 AP 点覆盖半径 15m 沿车道布置，见图 5-10。

（2）连线

1）线型。各系统因采用的线型不同，需要通过代号区分，表达各条线路的选型，包括线支型号、数量、截面、对应的敷设管路等内容。见图 5-11，各线型按系统划分，并依据系统含义由对应的系统形式及末端设备所决定。

网络和电话的"T"线为六类双绞线，一根对应一个数据或电话端口。当采用信息插座（数据＋电话），含两个端口，需要采用 2 根六类双绞线，故表示为"2T"。受地面和墙面厚度所限，暗敷最多可敷设 SC32 以下管线，所以每个插座单独连线至机柜或线槽。

2）弱电间。弱电间作为放置各系统接入层设备和干线路由贯通的机房，有线网和无线网（内网和外网）上连电话网络机房主机，下连各末端设备。运营网上连安防控制室主机，下连各末端设备。

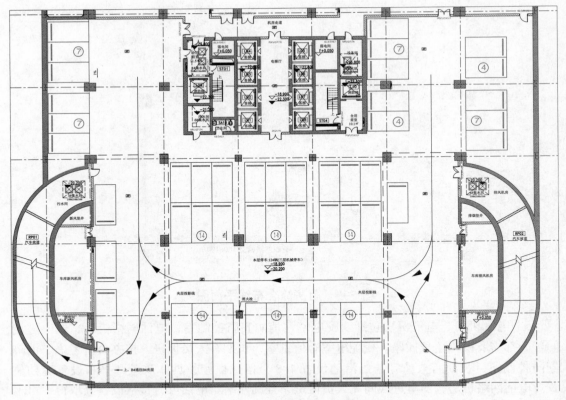

图 5-10 车库综合布线平面图

图形符号	线路名称	规格型号及安装说明
T	六类双绞线UTP6	（1×UTP6）-JDG25-ACC/WC
2T	2根六类双绞线UTP6	（2×UTP6）-JDG25-ACC/WC

图 5-11 综合布线线型图例

在平面图中，可以仅示意包含的系统接入层机柜或机箱，具体的布置详图可设计在机房工程内。故对应各系统的系统图可知，弱电间内主要包含综合布线机柜（FD）、有线电视端子箱（VP）两部分，详见图 5-12。

弱电间布置原则：可依据安防的防护分区设置；弱电间接入层设备至末端设备线路长度不超过 90m；优先考虑上下层间贯通，以保证干线路由可分别引致电话网络机房和安防控制室。

3）线管。当末端点位很少时，会采用直接铺管的方式完成末端至弱电间机柜的连接，并注明线路的线型，见图 5-12。这种画法应保证每条管线以最近的距离、清晰地连至机柜。需要通过公共区域连接时，不可脱离实际，如管路不能穿越电梯井道等。

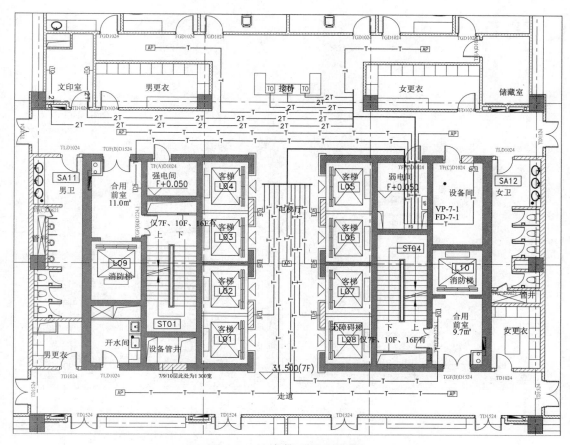

图 5-12 线管画法平面图

注：图中因管线过多，采用了汇总后通过一条线表示路由的画法。

4）线管结合线槽。当末端点位较多时，会采用从弱电间引出线槽，并沿公共区域敷设，线管就近接入线槽的方式完成末端至弱电间机柜的连接，并注明线路的线型，见图 5-13。相比于所有管线单独铺设的方式，其优势是整齐、便于施工与检修。

（3）系统图

综合布线按照组网最多可以分为三张系统图，有线网系统图、无线网系统图、运营网系统图。

1）有线网系统图。此处按照有线网与无线网进行网络安全分隔，所以有线网中只包括有线网的末端插座，如数据插座（单口面板）、电话插座（单口面板）、信息插座（双口面板，数据＋电话）。

以图 5-14 为例，系统图按照建筑实际空间关系排布电话网络机房与弱电间的位置，并通过线槽中的光纤将两者连通，光纤所走路由对应平面图中的实际路由。每个弱电间所接末端类型及数量对应平面图中此区域所接入的实际数量。本建筑弱电间竖向位置基本对应，在首层横向汇总至电话网络机房。机房内，采用双核心交换机，互为备用，对应干线采用 6 芯光纤。以核心交换机作为中心，连通工作站、各类服务器、防火墙、市政网络，并通过防火墙与无线网、运营网连接。

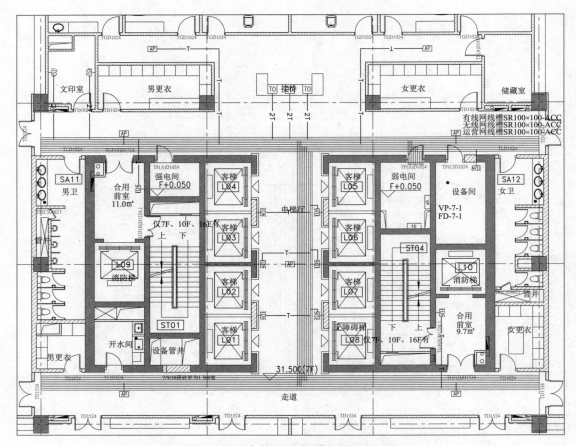

图 5-13 线管结合线槽画法平面图

原理及相关设备数量计算参看"5.1.1 基础知识及技术原理"。

2）无线网系统图。无线网中只包括无线网络信息点（即 Wi-Fi），其系统图与有线网基本相同，仅在末端有所差异，这里以弱电间机柜"FD-1-1"为例，见图 5-15。

3）运营网系统图。运营网中包括信息发布数据插座（单口面板）、信息查询数据插座（单口面板）、网关数据插座（单口面板）。其系统图与有线网基本相同，仅在末端有所差异，这里以弱电间机柜"AF-1-1"为例，见图 5-16。值得注意的是，图中的能耗监测系统网关和设备监控系统网关对应这两个系统采用综合布线架构，网关后部采用总线制方式串接。这两个系统也有总线制架构，可单独成系统，在安防控制室主机处通过网关转换接入核心交换机的做法。

5.1.3 住宅建筑

住宅建筑是我们生活中接触最多的建筑类型。住宅建筑与公共建筑在智能化设计上的差异主要体现在综合布线系统方面。而针对住宅建筑的公共区设计方法与公共建筑相同。值得注意的是，住宅建筑的综合布线系统和有线电视系统虽然需要完成设计图，但图纸仅限于指导施工单位完成管路预留预埋，其相关的设备及线路均由运营商根据住户报装需求负责安装调试，所以设计中此部分不需要设备清单。

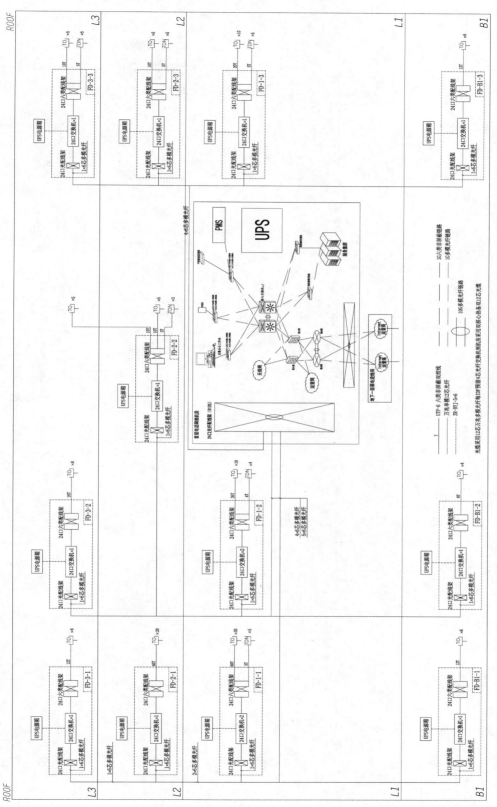

图 5-14　有线网系统图

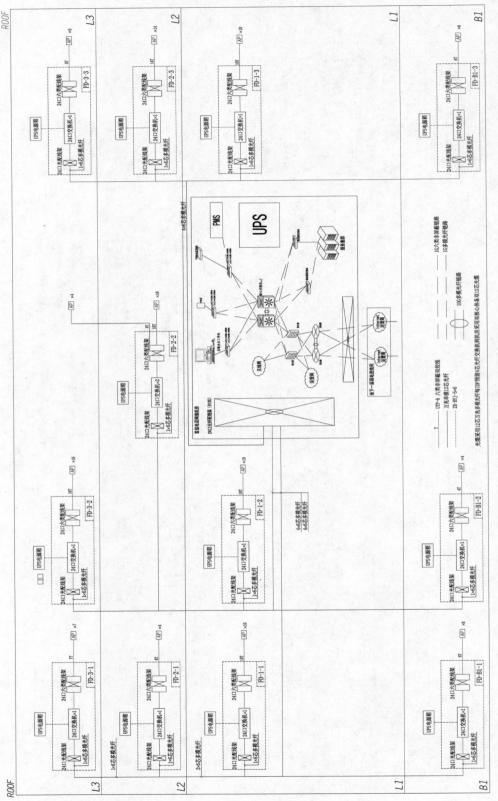

图 5-15 无线网系统图

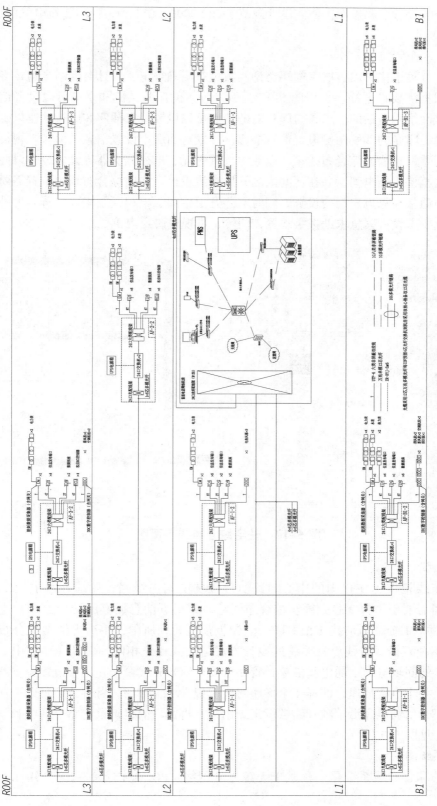

图 5-16　运营网系统图

　　该部分的设计主要参考《住宅设计规范》GB 50096–2011 和《住宅建筑电气设计规范》JGJ 242–2011。

　　（1）末端布置

　　规范中有关于住户内各居室末端类型及数量有明确规定，设计时需结合建筑专业的家具排布，根据需要设置插座。以图 5–17 为例，卧室的床头两侧和书桌可以设置信息插座以供计算机网络和电话的需求，与床相对的墙面可以设置信息插座和电视插座以确保安装电视的需求，客厅的沙发两侧设置信息插座，沙发对面墙上设置信息插座和电视插座。另外，每户还需设置墙面综合布线箱，以集中放置光猫、电视分支器等设备，并以此作为户内中心连接至楼层弱电间，并在房间内的开展布线设计。户内综合布线箱位置需要同建筑专业商定，通常在靠近户门内设置，同时需避开卫生间、电视背景墙等位置。另外，图中还根据规范要求设有紧急求助报警装置、门铃、可视对讲户内机。

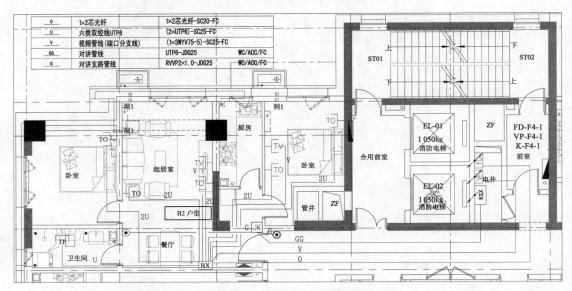

图 5–17　住宅综合布线平面图

　　（2）连线

　　综合布线箱作为住户内的中心，其前部接弱电间内线路，后部分散敷设线路至末端。弱电间需要引 1 根 2 芯光纤至综合布线箱，并根据信息插座的端口数量对应设置双绞线（UTP），1 个端口对应 1 根 UTP。受楼板预埋管径所限，每个末端至综合布线箱的线路均需单独敷设。有线电视系统的设计方法与公共建筑相同，但其在住宅中是将 1 根SWYV75-5 的同轴电缆由弱电间沿单独管路敷设至综合布线箱，在箱中设置分支器，分支给房间内的各个电视插座，同样 1 个插座对应 1 根 SWYV75-5。对讲系统则以可视对讲户内机为中心，由弱电间沿单独管路敷设至户内机，再由户内机敷设管路至门铃和紧急求助报警装置，见图 5–17。

　　（3）系统图

　　住宅的综合布线系统是一种基于无源光纤网络（PON）技术的系统，并且需要按照三网合一考虑。运营商的进线由移动、联通、电信三家组成，各家通过一路或多路 24 芯光纤进到一级光交接箱的分光器（分光器可分为 1:8、1:32、1:64 多种规格），再分为多路引至各楼各单元门各楼层的分纤箱，最后通过 2 芯皮线光缆接至住户户内的弱电箱。

以图 5-18 为例，整个住宅小区一栋住宅楼，共 25 层，2 个单元，设有运营商机房。在总的运营商机房设置一级光交接箱。按规范要求一个光纤配线区所辖用户数量宜为 70~300 个用户单元，该工程一个单元 128 户，两个单元共计 256 户，不超过 300 户，可设置一台光交接箱。

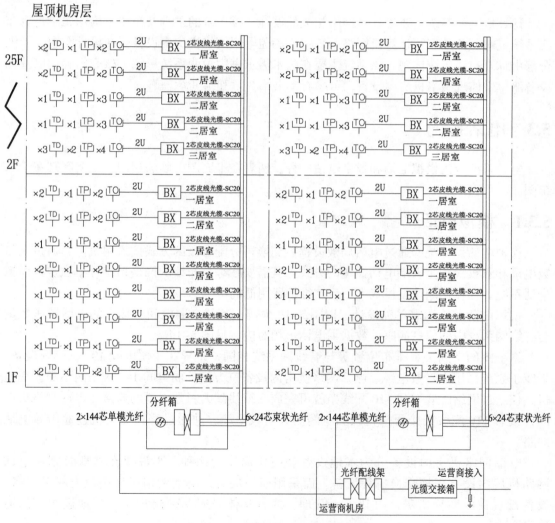

图 5-18　住宅综合布线系统图

注：1. 图中各管路均为预留，未注明的采用 SC20 管。

2. 图中所有管路均沿墙、地板、顶板暗敷设。

3. 本系统为大致原理，仅配合施工预留管路，设备、线路型号由运营承包商深化设计。

每个单元 128 户，按每户 2 芯皮线光缆考虑，需要在首层的分纤箱引出 256 芯光纤，并考虑 10% 的预留，按规格选用 12 根 24 芯束状光纤。再由分纤箱前端引致光交接箱，此段采用 2 根 144 芯单模光纤，占用光交接箱内的 2 个 1：64 分光器，两个单元共占用 4 个 1：64 分光器，一个光交接箱即可。

另外，为节省成本，还可以隔一定楼层设置一个分纤箱，缩短皮线光缆的长度。如果小区没有运营商机房还可将光交接箱分别设置在每栋楼的室外。

5.2 计算机网络系统

计算机网络系统主要指针对网络相关的设计。该系统的末端及布线架构均属于综合布线系统范畴。此处列写计算机网络系统主要涵盖电话网络机房内设备。在设计图中，图纸全部由综合布线系统体现，该系统主要在技术需求书中说明系统形式、核心内容，以及在设备清单中体现网络机房内设备，可参看本书第 3 章和第 8 章理解。

5.3 电话系统

电话系统分为模拟电话和数字电话两种。两者在平面图中画法相同，主要区别在于系统图。

5.3.1 模拟电话

模拟电话是传统的通过电话局敷设程控交换机分配号段的方式接入建筑内，通过大对数电缆和双绞线送至末端电话插座的方式。其需要在综合布线的网络系统外单独敷设模拟电话系统。存在初期建设投资大，后期维护费用低的特点。

模拟电话系统图需单独设计。以图 5-19 为例，其每个弱电间所接入的电话插座数量与有线网系统中的信息插座（数据 + 电话）相对应，见图 5-14。

系统图的空间关系排布位置等与有线网系统相同，差异在于弱电间 19 "机柜内设备、干线子系统采用大对数电缆、电话网络机房内设备三方面。弱电间 19 "机柜内不需要交换机，仅通过网络配线架和 110 配线架就可完成双绞线到大对数电缆的连接。电话网络机房同样设置 110 配线架接通来自各弱电间的大对数电缆，并通过程控交换机连通市政电话线路。

电话网络机房内设备分为本地设置和模块局设置两种。当设置在本地时则在电话网路机房内设有程控交换机等设备。而采用模块局时，电话网络机房内没有相关设备，设备设置在电话局机房，由其统一管理。两者具体采用哪种模式需与当地运营商沟通确定。

原理及相关设备数量计算参看"5.1.1 基础知识及技术原理"。

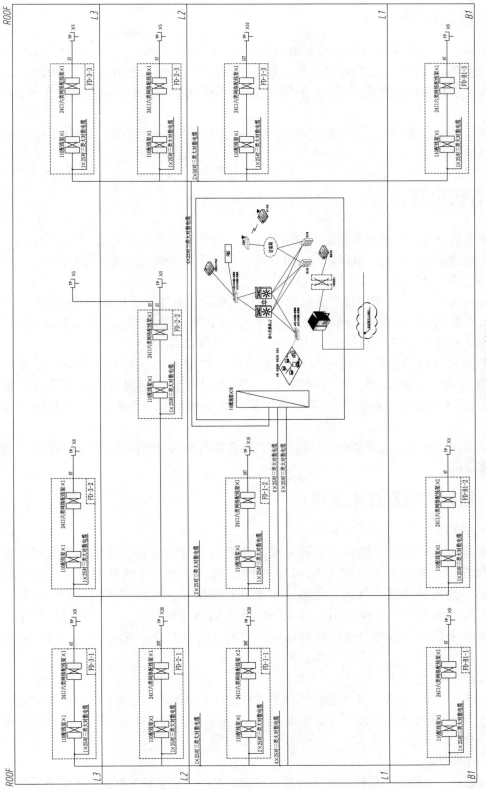

图 5-19　模拟电话系统图

5.3.2 数字电话

数字电话是近年发展出的一种利用网络分配号码的电话系统。其电话插座采用网络数据端口实现，通过网络分配电话号码，不需要单独敷设系统，电话端口按照数据端口计入网络系统。存在初期建设投资小，后期正常维护费用外需长期收取分配电话号码费用的特点。

数字电话的系统图已包含在信息网（有线网或内外网）系统图中，不需单独设计，也没有单独的设备清单。

5.4 有线电视系统

电视系统分为有线电视和网络电视两种。现在越来越多的公共建筑采用网络电视，住宅建筑仍需设计有线电视，具体需结合建筑特点及业主需求确定。该系统主要参考《有线电视网络工程设计标准》GB/T 50200–2018。

有线电视（CATV）是传统的有线电视公司，如歌华有线负责提供的有线电视节目信号。因其单独计费，所以与其他系统分开，在建筑内采用同轴电缆配合分支器和分配器敷设，需要单独设计，用于收看有线电视公司提供的电视频道。

网络电视（IPTV）是利用电视的上网功能，如智慧电视还预装 App，可通过网络直接获得网上视频资源，收看网络节目。故不设计有线电视系统，不需要单独支付费用，所有需要电视的位置均采用数据插座或无线信息点（Wi-Fi）满足网络需求即可。

网络电视只需提供数据插座，其设计方法已在综合布线系统中讲解，本小节将针对有线电视系统讲解。

5.4.1 基础知识及技术原理

（1）分支器

分支器是一种把一个视频信号源分成多路视频信号的设备，通常在干线或分支线中起传接作用。其由 1 个主输入端、1 个主输出端、多个分支输出端组成。视频信号大部分沿主输入输出端干线向后传输，每个分支输出端只得到视频信号的小部分。另外，分支器具有方向性，单向由主输入端向分支输出端传送信号，无法反向传输。分支器的规格根据后部需要分出的路数确定，常用的规格有 2 分支器、3 分支器、4 分支器等。

（2）分配器

分配器是一种可以把一个视频信号源平均分配成多路视频信号的设备，常用的规格有 1 分 2、1 分 4、1 分 8 分配器，还有 2 入 8 出、4 入 8 出、8 入 32 出等。其规格选择依据 1 路进入后需要分出的路数确定。

（3）终端电阻

终端电阻是一种电子信息在传输过程中遇到的阻碍，用于减弱电缆中的信号反射。高频信号传输时，信号波长相对传输线较短，信号在传输线终端会形成反射波，干扰原信号，所以需要在传输线末端加终端电阻，使信号到达传输线末端后不反射。长线信号传输一般也需要在接收端接入终端匹配电阻。终端电阻在各条同轴电缆的末端设置，如分支器和分配器的空位也需安装补满，避免信号不平衡。

（4）放大器

放大器是一种将输入信号的电压或功率放大的装置，由电子管或晶体管、电源变压器和其他电器元件组成。在建筑中，因线路、分配器、分支器导致信号衰减，在末端插座会达不到信号传输标准，所以在电视机房出线处或弱电间内应设置放大器以增强信号。信号衰减的计算较为复杂，在工程中通常依据敷设后实际信号检测结果，不达标时在相应位置增设。按类型可以分为只播放的单向放大器和可以实现点播功能的双向放大器，实际工程中基本全部采用双向放大器。

（5）同轴电缆

同轴电缆是有两个同心导体，而导体和屏蔽层又共用同一轴心的电缆，传输范围可达几十公里。在有线电视中，干线采用 SWYV75-9，分支干线采用 SWYV75-7，末端线路采用 SWYV75-5。

（6）电视接线端子箱

电视接线端子箱用于存放分支器和分配器的箱子，有时当某个区域的电视插座较为集中时，会就近设置分支器，有时会直接放置在吊顶中。

（7）电视机房

电视机房作为有线电视系统的主机房，其内部以混合器为核心，前端接入通过调制器接入各种节目源，如市政有线电视线路由室外通过光纤接入光接收机，再经光电转换接入调制器，录像机和 DVD 机分别接入调制器，播放建筑运营方的自办节目等。混合器后部通过放大器、分配器或分支器接各条干线同轴电缆。

（8）电平计算

电视机房由干线放大器出线端点电平为 96dB，沿途需经同轴电缆、分支器、分配器到达终端电视插座。按规范要求，终端电平需要达到（64±4）dB。故每个电视插座至电视机房的信号衰减损耗因其路径的不同有所差异。信号损耗的计算以分配器为例，分配损失 $L_s=10\lg n$，n 是分配的路数。假设采用 2 分配器 $L_s=3dB$，计入分配器自身衰减，L_s 取 4dB。现将常用同轴电缆、分支器、分配器的衰减损耗列于表 5-5。

以某一插座面板，其前端经 50m SYWV75-5 接弱电间四分支器，再经 5m SYWV75-7 接弱电间二分配器，后经 80m SYWV75-9 接至电视机房干线放大器。干线放大器端 96dB，80m SYWV75-9 的 $L_s=80×10/100=8dB$，二分配器 =4dB，5m SYWV75-7 的 $L_s=5×12/100=0.6dB$，四分支器 =10dB，50m SYWV75-5 的 $L_s=50×18/100=9dB$，电视插座电平 $=96-8-4-0.6-10-9=64.4dB$，满足（64±4）dB 的要求，沿途不需要增设放大器。若达不到（64±4）dB，则需沿途增设放大器，放大器通常增益范围是 0~30dB 可调，根据计算确定需设置放大器的数量。

表 5-5　同轴电缆、分支器、分配器衰减损耗表

名称	类型	损耗
分支器	一分支	6dB
	二分支	6dB
	三分支	8dB
	四分支	10dB
分配器	二分配	4dB
	三分配	6dB
	四分配	8dB
	六分配	11dB
	八分配	12dB
	十二分配	15dB
	十六分配	16dB
线缆	SYWV75-5	18dB/100m
	SYWV75-7	12dB/100m
	SYWV75-9	10dB/100m

5.4.2　末端布置

有线电视末端设计是由建筑物内相应区域的功能所决定的。一般建筑物内通常需要考虑设置的区域有办公室、会议室、休息室、餐厅、宿舍。公共区域（包括走廊、楼梯间、电梯厅、大堂）、厨房、库房、设备机房、电气机房、电梯轿厢等都不需要考虑有线电视系统。很多公共区域设有显示屏，其是用于发布信息的屏幕，由建筑运营方通过主机房进行播放管理，属于信息发布系统，不需要提供有线电视频道。

有线电视末端多采用单端口设计，是电视插座，其根据安装高度的不同可通过图例加以区分。具体设置需根据建筑特点、规范要求、建筑图中家具排布确定，如住宅建筑每户的客厅、卧室都应设置一个电视插座。

（1）休息室

休息室作为人员休息的场所，考虑到舒适性，通常会提供有线电视。以图 5-20 为例，长排沙发为主坐，在对面墙体壁装电视插座和数据插座，并在茶几处安装数据插座。

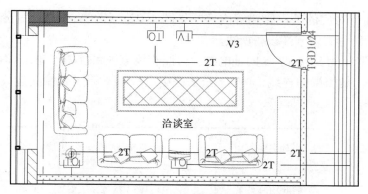

图 5-20　休息室电视系统平面图

（2）员工餐厅

餐厅作为人员休息的场所，会提供有线电视。餐厅面积通常较大且人员座位集中，为便于大家收看电视，会在角落的吊顶内设置电视插座，配合电视吊装，保证房间内各位置人员可以看到电视，见图 5-21。

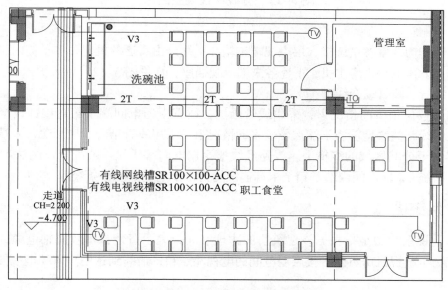

图 5-21　餐厅电视系统平面图

（3）办公室、会议室、宿舍

办公室、会议室为保证员工工作效率，且可通过网络收看节目，如无特殊要求可不设置。如果设置，需要结合家具排布，避让开办公桌、床位设置电视插座，小房间见图5-20，大房间见图5-21。

5.4.3　连线

（1）线型

各系统因采用的线型不同，需要通过代号区分，表达各条线路的选型，包括线支型号、数量、截面、对应的敷设管路等内容。见图 5-22，各线型按系统划分，并依据系统含义由对应的系统形式及末端设备所决定。

电视的"V"线为SWYV7-5同轴电缆，对照有线电视系统图可知，"V1"是有线电视机房出线，"V2"是楼层间连线，"V3"是平面中电视端子箱至末端的连线，一根连线对应一个电视插座。

图形符号	线路名称	规格型号及安装说明
V1	视频管线（干线）	（1×SWYV75-9）-JDG32-ACC
V2	视频管线（支干线）	（1×SWYV75-7）-JDG32-ACC
V3	视频管线（端口分支线）	（1×SWYV75-5）-JDG25-ACC

图 5-22　有线电视线型图例

（2）弱电间

弱电间作为放置各系统接入层电视端子箱和干线路由贯通的机房，端子箱内设分支器或分配器，上连电视机房主机，下连各末端电视插座，详见图 5-12。

（3）线管、线管结合线槽

当末端点位很少的情况下，采用线管画法，线管由弱电间端子箱直接铺设至末端插座，并注明线路的线型。当末端点位较多的情况下，采用线管结合线槽画法，末端插座通过线管连接至公共区域的线槽上，线路经线槽至弱电间端子箱。两种具体画法参看"5.1 综合布线系统"，弱电间内端子箱至末端连线均为1个电视插座1条线。

5.4.4　系统图

有线电视系统图是指根据该建筑物的物理空间，表示清楚自市政同轴电缆或是光纤引入建筑物至电视机房再至各楼层弱电间的电视端子箱，最终到达用户末端电视插座的逻辑图。

以图 5-23 为例，有线电视机房位于建筑的地下一层，而地下一层主要是车库和机房，不需要提供有线电视插座，地上根据设有电视插座的位置，接入对应的弱电间。整体系统采用"分配—分支—分配—分支"形式，从电视机房混合器出线先接放大器放大信号，再通过分配器按弱电间连通位置分为4路干线接入弱电间电视端子箱内的分支器，当其后只接入本层插座时，可以直接连接分支器分为多路给插座。分支器规格按分支路数向上取整，如接3个插座，需要3条线路，采用4分支器。分支器设置在弱电间电视端子箱中，所以每个电视插座用1根同轴电缆连接至端子箱。另外，电视系统还可采用"分支—分配—分支"形式，其架构通常为分支器与分配器交替使用。

原理及相关设备数量计算参看"5.1.1　基础知识及技术原理"。

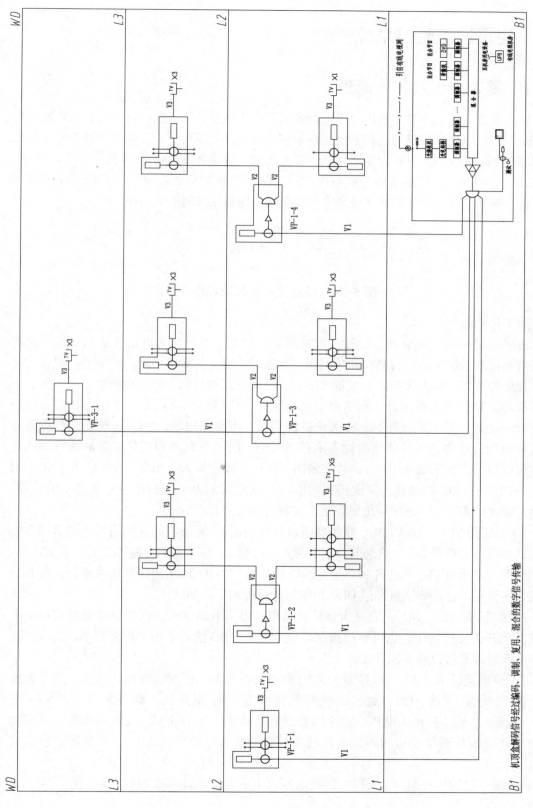

图 5-23　有线电视系统图

5.5 建筑设备监控系统

5.5.1 基础知识及技术原理

建筑设备监控系统是建筑内对机电设备采用现代化计算机、控制网络、自动化控制技术，全面实现监控和管理的监控系统。该系统由传感器与执行器、直接数字控制器（DDC控制器）、通信网络、中央管理计算机四部分构成，详见图5-24。按架构可分为现场层、控制层、管理层，现场层是传感器与执行器，控制层是DDC控制器，管理层是中央管理计算机。按通信网络架构形式又可分为综合布线架构和总线制架构两种。

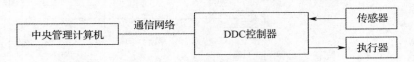

图5-24 设备监控系统原理图

（1）传感器与执行器

传感器是一种检测装置，能够获取被测量的信息，并转换为电信号进行传输。执行器是自动控制系统中的执行机构和控制阀组合体。传感元件多种多样，常见的有温度传感器、湿度传感器、压力传感器、流量传感器、电流电压转换器、液位检测器、压差器、水流开关等。执行器有继电器、调节器等执行元件。传感器和执行器大多包含在设备机组中，有一些如二氧化碳探测器、一氧化碳探测器、甲醛探测器、$PM_{2.5}$探测器需要设备专业设计时配合提供，由智能化设计表示在图纸中。DDC控制器根据传感器和执行器的特点，可以归纳为数字输入（DI）、数字输出（DO）、模拟输入（AI）、模拟输出（AO）四类，分别计入DDC控制器，完成相关的监控，详见图5-25。根据设备专业选定的设备，询问厂家提供图5-25或图5-26的图表，可统计相关点位数。

1）数字量输入（DI）。DDC控制器可以直接判断DI通道上的开关信号，如启动继电器辅助接点（运行状态）、热继电器辅助接点（故障）、压差开关、冷冻开关、水流开关、水位开关、电磁开关、风速开关、手自动转换开关、0~100%阀门反馈信号等，并将其转化成数字信号，这些数字量经过DDC控制器进行逻辑运算和处理。

2）数字量输出（DO）。它可由计算机输出高电平或低电平，通过驱动电路带动继电器或其他开关元件动作，也可驱动指示灯显示状态。DO信号可用来控制开关、交流接触器、变频器以及可控硅等执行元件动作。

3）模拟量输入（AI）。模拟量输入的物理量有温度、湿度、浓度、压力、压差、流量、空气质量、CO_2、CO、氨、沼气等气体含量、脉冲计数、脉冲频率、单相（三相）电流、单相（三相）电压、功率因数、有功功率、无功功率、交流频率等，这些物理量由相应的传感器感应测得，再经过变送器转变为电信号送入DDC控制器的模拟输入口。

4）模拟量输出（AO）。模拟输出的电压或电流大小由计算机内数字量大小决定。由

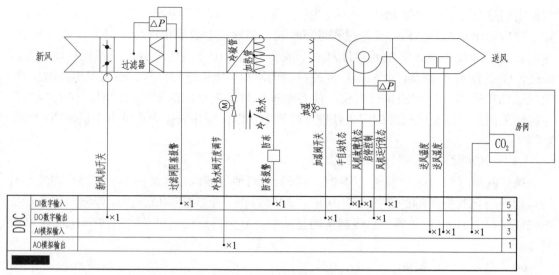

DDC		新风机开关	过滤网阻塞报警	冷热水阀开度调节	防冻报警	加湿阀开关	手自动状态	风机故障状态	风机运行状态	送风温度	送风湿度	CO₂	
	DI数字输入		×1		×1		×1	×1	×1				5
	DO数字输出	×1				×1			×1				3
	AI模拟输入									×1	×1	×1	3
	AO模拟输出			×1									1

新风机控制原理图（工频）

图 5-25　设备控制原理图

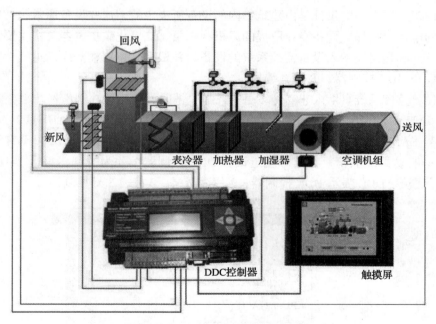

图 5-26　DDC 控制器示意图

于 DDC 控制器内部处理的信号都是数字信号，所以这种连续变化的模拟量信号是通过内部的数字 / 模拟转换器（D/A）产生的，通常用来控制电动比例调节阀、电动比例风阀等执行器动作。

（2）直接数字控制器

直接数字控制器是用一台微型计算机，通过对多个被控参数进行巡回检测，检测结果与设定值进行比较，再按 PID（比例、积分、微分）规律或直接数字控制方法进行控制运算，然后输出到执行机构对生产过程进行控制，使被控参数稳定在给定值上，见图 5-26。简而言之，计算机通过测量元器件对一个或多个运行中产生的参数进行巡回检测，经过线路传输至 DDC 控制器，并根据规定的控制规律和给定值进行运算，然后发出控制信号，通过线路传输指令给控制执行机构，使各个被控量达到预定的要求。同时，DDC 控制器会将相关信息传输至主机房的中央处理计算机中，以保证相关操作均可由主机房值班人员监控。

（3）通信网络

通信网络可分为综合布线架构和总线制架构两种。综合布线架构是利用综合布线系统的运营网肩负数据传输的，将单个 DDC 控制器看作一个数据端口，由运营网的接入层交换机连接每个 DDC 控制器。总线制架构是从中央处理器直接通过总线串接所有的 DDC 控制器。

（4）中央管理计算机

中央管理计算机设置在安防控制室中，以中央管理计算机和服务器组成。

5.5.2　末端布置

建筑设备监控末端的设计是由建筑物内的设备所决定的。这些设备通常包括建筑专业所提资料的电梯、扶梯，设备专业所提的风机、水泵、二氧化碳探测器等。主要参看设备专业的图纸，确定需要纳入设备监控系统的设备，并根据其位置在对应的电气专业配电箱旁，就近设置 DDC 控制器，并为其编号。

建筑设备监控系统只纳入非消防设备的监控，消防设备相关控制由消防系统完成。

以图 5-27 为例，空调机房内设置有设备专业的空调机组（编号 AHU-L2-A01）、排风机（编号 EAF-L2-A01）、新风机组（编号 PAU-L2-A02），在机房门旁设有为三台设备配电的一般动力配电箱，在其旁就近设置 DDC 控制器。并为控制器编号 1-DDC-2-3，1 代表 1 号建筑、DDC 表示 DDC 控制器，2 代表 2 层、3 代表 3 号控制器。

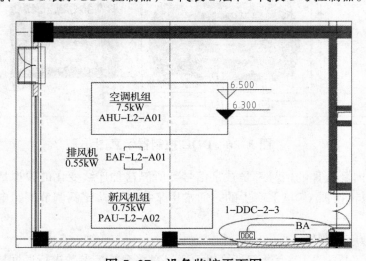

图 5-27　设备监控平面图

5.5.3　连线

（1）线型

各系统采用的线型差异通过代号区分，见图 5-28。

建筑设备监控的"BA"线为 RVSP-2×1.0mm² 总线，每根总线最多可连接 32 个 DDC 控制器，最长可敷设 1km，全楼的 DDC 控制器直接串接至主机。采用综合布线架构时，在弱电间的运营网机柜，通过双绞线一对一接至每个 DDC 控制器。

图形符号	线路名称	规格型号及安装说明
──BA──	设备监控系统总线	（1×RVSP2×1.0）-JDG25-ACC/WC

图 5-28　设备监控线型图例

（2）弱电间

采用总线制架构时，楼内各处 DDC 控制器通过线管串接，路由可沿墙上下就近连通或经弱电间连通，最终接入系统主机，并经安防控制室内协议网关与其他系统相连。采用综合布线架构时，附近区域内 DDC 控制器单独接入弱电间内运营网 19"标准柜的接入层交换机，将数据传送至安防控制室内系统主机。

（3）线管、线管结合线槽

以总线制系统形式为例讲解，综合布线架构设计方法差异体现在将总线改为双绞线，DDC 控制器一对一接入运营网的楼层机柜。

当 DDC 控制器仅需设置在机房区域时，末端点位较集中，可采用线管画法，将 DDC 控制器串接至主机房。中标厂家会完成末端点到 DDC 控制器的线管设计。以图 5-29 为例，两间水泵房设置综合布线系统的网关（"TDR"插座），用于接入泵组配套控制箱，取得相关监控功能，并在右侧水泵房设置一个 DDC 控制器，可用于本泵房和相邻泵房风机相关的末端点位监控。泵房和风机房的两个 DDC 控制器间采用"BA"线串接，最终连至安防控制室的主机中。

当 DDC 控制器后部需要接入的输入输出点位较多且分散时，可采用线管结合线槽的画法。如办公层设有二氧化碳探测器、甲醛探测器、PM$_{2.5}$ 探测器需要接入 DDC 控制器，但末端点位较分散，故在末端集中处或弱电间内设置 DDC 控制器。以图 5-30 为例，采用线管结合线槽方式，DDC 控制器间的"BA"连线借用公共区敷设的运营网线槽串接，且该线槽留有一定余量，可用于施工中标厂家敷设至末端线路。

5.5.4　系统图

设备监控系统图由系统图和点表两部分组成。

首先，针对各类设备的原理图，如图 5-25 所示，整理得到点位表，详见图 5-31。其次，按照 DDC 控制器在建筑内设置的空间关系，将 AI、AO、DI、DO 统计后计入相对应的 DDC 控制器中。同时，注明所包含的设备及数量，按空间关系通过"BA"线型的总线将所有 DDC 控制器串接至安防控制室内的中央处理器。因总线制的特点，每根"BA"线可接入 32 个 DDC 控制器。最后，由点表和系统两部分组成设备监控系统图，详见图 5-32。

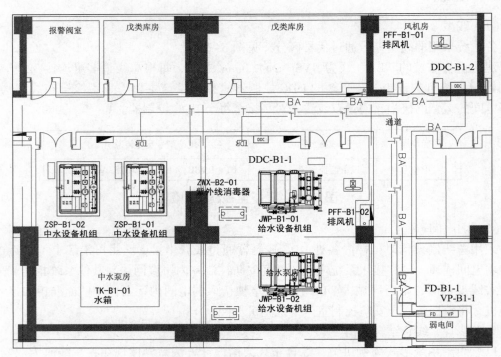

图 5-29 设备监控线管平面图

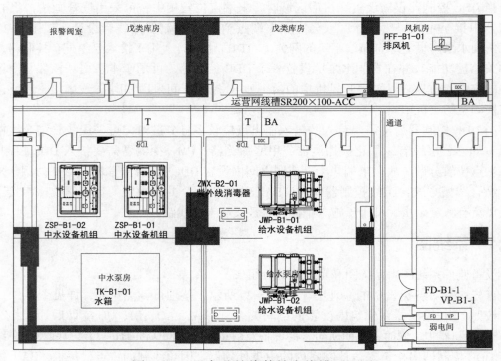

图 5-30 设备监控线管结合线槽平面图

楼宇自控系统（BAS）监控点表

被控设备名称	数量	数字输入 DI	数字输出 DO	模拟输入 AI	模拟输出 AO	手/自动状态	设备运行状态	设备故障报警	水流开关检测	滤网压差报警	液位检测（数字）	电动蝶阀反馈状态	变频器故障报警	变频器运行状态	新风阀反馈状态	防冻报警	设备启停控制	电动蝶阀启停控制	设备开关控制	风温度检测	风湿度检测	风压力检测	风量检测	水压力检测	水压差检测（模拟）	水流量检测	液位检测（模拟）	室外温度检测	室内湿度检测	室内温度检测	室内CO_2检测	室内甲醛检测	水阀执行器反馈	风阀执行器反馈	室内硫化物检测	室内CO检测	变频状态	漏水探测器	压差旁通阀控制	温度旁通阀控制	比例三通阀控制	风阀执行器控制	水阀执行器控制	加湿阀执行器控制	变频器频率控制	热转轮调节率	电源24V
潜污泵	3	12					1	1			2																																				
排风机（车库）	4	12	4	8		1	1	1									1																				2											
排/送风机	8	24	8	0		1	1	1									1																															
排风机（变频）	0	0	0	0	0	1	1	1									1																					1								1		
空调机组（变频）	5	25	5	20	15	1	1	1		1						1	1			1	1									1	1						1						1	1	1		
热回收机组	0	0	0	0	0	2	2	2		3							2											2	2	1	1						2					3	2	2	2	1	
新风机组	4	20	4	136	12	1	1	1		1						1	1											1	1	1	16	16										1	1	1	1	1	
风幕	10	30	10			1	1	1									1																															
电热风幕	9	54	18			2	2	2											2																													
...																																															
总计		177	49	164	27																																										
网关	5		5																																												

图 5-31　设备监控系统图——点表

给水机房、中水机房、制冷机房、换热站、变制冷剂流量多联式空调系统（VRV）室外机、电梯、扶梯分别设置网关接入建筑设备监控系统

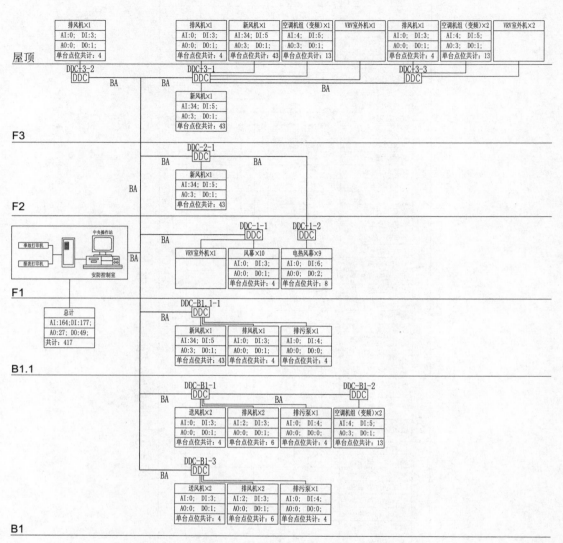

图5-32　设备监控系统图——系统

综合布线架构已在综合布线系统一节中讲解，这里讲解总线制系统图的设计方法。

5.6　建筑能耗监测系统

5.6.1　基础知识及技术原理

建筑能耗监测系统是对能耗使用中全部参数、全部过程的监测系统。该系统与设备监控系统相类似，由数字表计、数据采集器、通信网络、中央管理计算机四部分构成。按架构可分为现场层、控制层、管理层，现场层是水、电、气、冷热量数字表计，控制层是数据采集器，管理层是中央管理计算机。按通信网络架构形式又可分为综合布线架构和总线制架构两种。

（1）数字表计

数字表计是在传统机械表计基础上，增加电子采集发讯模块，通过电子模块完成信号采集、数据处理、存储，并将数据通过通信线路上传给中继器，或手持式抄表器。每块表计都有唯一的代码，当接收到抄表指令后，将数据上传至系统主机。按照绿色节能中对于分项计量的要求，需要计入水、电、气、冷热量四类表计的数据。

（2）数据采集器

数据采集器是一种采用嵌入式微型计算机，用于能耗数据采集专用装置，具有数据采集、数据处理、数据存储、数据传输以及现场设备运行状态监控和故障诊断等功能。系统硬件主要由微处理器、I/O 接口、人机接口、通信接口四部分组成。

（3）通信网络

通信网络可分为综合布线架构和总线制架构两种。综合布线架构是利用综合布线系统的运营网承担数据传输的，将单个数据采集器看作一个数据端口，由运营网的接入层交换机连接每个数据采集器。总线制架构是从中央处理器直接通过总线串接所有的数据采集器。主站能够及时管理及获取信息，并能够通过以太网或 RS485 接口形式，对采集器发送相关命令读取或设置参数信息。数据采集器到末端表计的抄表方式，通过 RS485 总线串接，与有相应接口功能的计量装置（电、水、气、冷热量表等）相连，传输数据。

（4）中央管理计算机

中央管理计算机设置在安防控制室中，由中央管理计算机和服务器组成。

5.6.2　末端布置

建筑能耗监测末端的设计是由设备专业和电气专业提供的。需要纳入能耗监测系统实现分项计量功能的表计，水、气、冷热量计量表需要由设备专业提供设计图资料，电表由电气专业提供设计图资料。智能化设计根据所提资料直接在平面图中复制粘贴相关内容。同时，考虑到表计通常较分散，所以在弱电间设置数据采集器，详见图 5-33。

5.6.3　连线

（1）线型

各系统采用的线型差异通过代号区分，见图 5-34。

建筑能耗监测的"EM"线为 RVSP-2×1.0mm^2 总线，每根总线最多可连接 32 个数据采集器，最长可敷设 1km，全楼的数据采集器直接串接至主机。采用综合布线架构时，在弱电间的运营网机柜，通过双绞线一对一接至每个数据采集器。数据采集器再分电、水、气三类，每类表计通过一根"EM"线的 RVSP-2×1.0mm^2 总线，串接不超过 32 个同类表计。

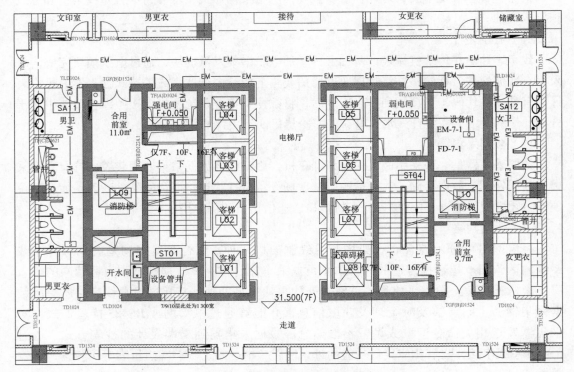

图 5-33　能耗监测平面图

图形符号	线路名称	规格型号及安装说明
EM	能耗监测系统总线	（1×RVSP2×1.0）–JDG25–ACC/WC

图 5-34　能耗监测线型图例

（2）弱电间

采用总线制架构时，楼内各处数据采集器通过线管串接，路由可沿墙上下就近连通或经弱电间连通，最终接入系统主机，并经安防控制室内协议网关与其他系统相连。采用综合布线架构时，附近区域内数据采集器单独接入弱电间内运营网 19" 标准柜的接入层交换机，将数据传送至安防控制室内系统主机。

（3）线管、线管结合线槽

当末端点位较少时，可采用线管画法，总线制直接将数据采集器串接至主机房，数据采集器后部分水、电、气三类串接表计。当末端点位较多或已设置运营网线槽时，可采用线管结合线槽画法，将数据采集器后部的"BA"连线借用公共区敷设的运营网线槽串接。图 5-33 是总线制架构下，采用线管画法的平面图。图 5-35 是综合布线架构下采用线管画法的平面图。图 5-36 是综合布线架构下采用线管结合线槽画法的平面图。

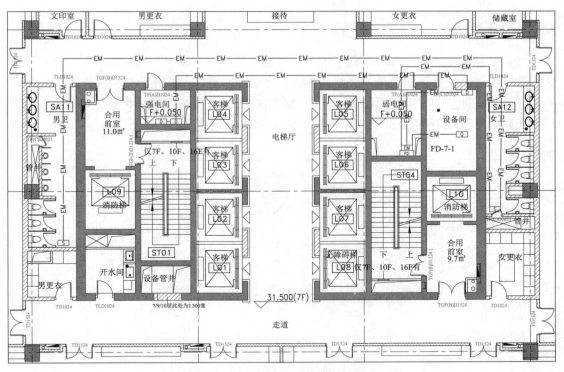

图 5-35　能耗监测线管平面图

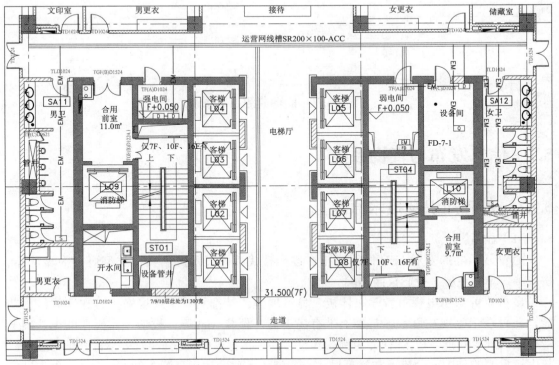

图 5-36　能耗监测线管结合线槽平面图

5.6.4　系统图

　　能耗监测系统图分为综合布线架构和总线制架构两种，综合布线架构已在综合布线系统一节中讲解，这里讲解总线制系统图的设计方法。总线制架构是将整栋建筑内的各个数据采集器按实际空间关系表达清楚，并通过 RS485 总线串接所有的采集器，接入中央处理机，线路串接遵循不超过 32 个点用一根 RS485 总线相连的方式，见图 5–37。

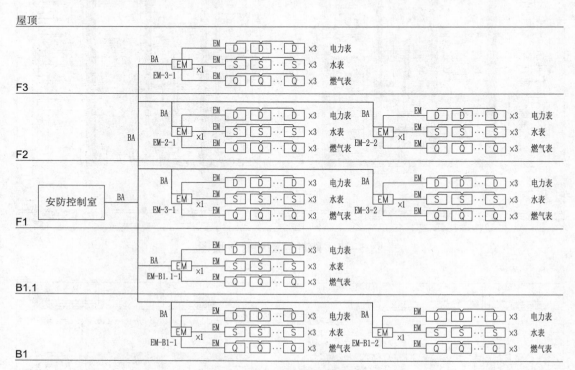

图 5–37　能耗监测系统图

5.7　信息发布与查询系统

5.7.1　基础知识及技术原理

（1）显示屏

　　随着显示屏的发展 LED 显示屏正在逐步替代液晶显示屏。其按类型可分为显示器、拼接屏、单基色屏、投影仪四类。

　　显示器可采用电视、教学一体机、显示屏等，其都具有多种规格接口和播放信息功能，差异在于电视在显示屏基础上带有扬声器、预装 App 等，教学一体机在电视基础上带有触摸屏等功能。以 LED 屏为例，其包含多种指标，如画面分辨率、对比度、亮度等。其中较重要的是画面分辨率和屏幕尺寸。分辨率已普遍达到高清 1 920×1 080，更先进的还有 4K、8K、3D 等技术。屏幕尺寸包含从 22"、32" 到 65"、80"、100" 多种规格。显示器在建筑中用于信息发布时，还需配套设置多媒体播放机。

拼接屏是一个完整的拼接显示单元，既能单独作为显示器使用，又可以拼接成超大屏幕使用，多采用 55 " LCD 屏或小间距 LED 屏。其显示效果主要由物理拼接缝和响应时间决定，物理拼接缝越窄越接近完整的大屏幕，响应时间越快越能保证多块屏幕间的同步播放。配合拼接屏使用需要设置扩声音响设备、拼接屏处理器、拼接屏支架。拼接屏在建筑中用于信息发布时，还需配套设置多媒体播放机。另外，其根据室内及室外使用分为户内型和户外型。

单基色屏是 LED 显示屏的一种单基色发光管构成的显示器，多用于售票处、医院、火车站显示文字信息。顾名思义，单基色的每个发光点由一种颜色发光管组成，可以是红、黄、绿之一，适合显示文字类通知信息，虽具有价格优势，但随着时代发展已逐渐被显示屏所替代。其在建筑中用于信息发布时，还需配套设置多媒体播放机。

现今大多数 LED 显示屏是双基色，每个发光点由红、绿两种颜色组成，形成上万种色彩。在发展中的三基色，每个发光点由红、蓝、绿三种颜色组成，形成真彩色。

投影仪是一种发光设备，通过将影像投射到幕布或背景墙上以显示图像的设备，通常需要吊装。其在建筑中用于信息发布时，还需配套设置多媒体播放机。投影仪分为造价较高的激光投影仪和较低的普通投影仪，两者主要在相对于幕布的距离以及色彩质量等方面有差异。投影仪实现的功能与显示屏相同，同样可以利用拼接屏处理器进行多部投影仪共同投影。优点是相比显示屏造价较低，缺点是会受到光线和物体遮挡的影响。

（2）多媒体播放机

多媒体播放机是一种可以在电视上播放网络视频文件的设备，其通过双绞线连接数据插座，数据通过综合布线系统由系统主机传输至播放机。播放机获取播放信息，并存储在本地中，通过 HDMI 或 VGA 线路连接显示屏，按照设定时间播放设定内容。每处显示器对应一个多媒体播放机，如 1 台 55" 显示器在其屏后支架上设置 1 个多媒体播放机，1 组拼接屏在其屏后支架上设置 1 个多媒体播放机配合拼接屏处理器使用。

（3）拼接屏处理器

视频拼接屏处理器是专用的视频处理与控制设备，用于把一路视频信号分割为多个显示单元，将分割后的显示单元信号输出到多个显示终端，并完成用多个显示屏拼接组成一个完整图像的功能，其是硬件设备，不需要软件支持。其根据每路分割对应 1 个显示器，所以需对应设置的拼接屏显示器数量来确定采用的规格及数量。处理器常用的是从 2 路画面分割到 36 路画面分割多种规格。

拼接处理器与视频矩阵的差异在于，拼接处理器是将一个完整的视频信号划分成 N 个后分配给 N 个显示单元的设备，具有悬浮窗、漫游、叠加、场景多个功能。视频矩阵是将 M 路分配给 N 路的设备，只处理视频信号，不能实现多屏幕拼接、漫游透视等功能。

（4）拼接屏支架

拼接屏支架是用于放置显示屏的支架，分为壁装和落地安装两种。当屏幕数量较少时（不超过 9 块），多采用壁装，优点是节省空间，缺点是需与建筑和结构专业沟通，加固墙体，确保满足承重需求。当屏幕数量较多时（超过 9 块），多采用落地安装，其背部留有 0.8m 以上的检修空间，优点是便于检修，缺点是占用空间较大。

（5）查询机

查询机是触摸查询一体机的简称，是一种实用的人机交互设备，它集合了触摸屏、显示器、计算机、音响等设备于一身，设置在建筑主要出入口处，用于各种信息的自助查询，广泛应用于办公楼、机场、车站、医院、酒店等场所。当然有些特殊用途的一体机包括一些额外配件，如银行自动取款的触摸一体机还包括键盘、磁卡刷卡器、存折补登器、微型打印机、指纹考勤等。

（6）中央管理计算机

中央管理计算机和服务器设置在安防控制室中，整体系统借助综合布线网络的运营网实现。

（7）提资料

智能化各系统中，信息发布系统因为涉及配电需求，需要在确定以后提资料给电气专业。具体计算方法：55" 显示器电功率约为 250W，乘以设置处的拼接数量，再加上拼接屏处理器电功率约为 100W，得到总用电功率。

5.7.2　末端布置

该系统在设计图中的末端布置通过数据插座得以体现，通常设置单独的图例，具体参看本书"5.1　综合布线系统"中关于末端布置一节。具体末端显示器的设置是根据建筑装修效果和业主需求确定的。众所周知，目前流行的是显示屏越大越好，分辨率越高越好，但造价也相应提高，需结合经济和效果统筹考虑。

通常，在电梯厅的电梯间墙面设置 22" 显示器用于播放广告和楼内信息。在大厅主入口处设置 LED 拼接屏，具体尺寸结合选用的显示器规格及空间宽度和高度确定。在各层大厅主要人员通道上设置 42" 触摸一体机。在会议室、报告厅、多功能厅、教室通常采用拼接屏或者投影仪。

智能化需要充分考虑数据插座的设计，而显示屏业主是一次采买到位还是未来分步实施都是可以的。

5.7.3　连线

设计图只需要表达数据插座接入综合布线系统，而数据插座至显示屏的接线在系统图中体现。连线方法可参看本书"5.1　综合布线系统"。

5.7.4　系统图

该系统的数据插座已涵盖在综合布线系统中，这里设计的信息发布与查询系统图主要用于表达各区域显示屏的规格及数量。以图 5-38 为例，各处设有显示屏与查询机的区域按建筑空间关系及弱电间位置表达清楚，再根据每个弱电间出线注明显示屏与查询机规格及数量。每个弱电间机柜引出六类双绞线至数据插座，再通过网线连接至多媒体播放器中，多媒体播放器通过 VGA 和音频线或者 HDMI 和音频线连接显示屏或者查询机。值得注意的是，多媒体播放器根据后部显示器类别不同，可分为对应高清显示屏的高清播放器、对应 LED 拼接屏的 LED 工控媒体播放器、对应查询机的触摸查询媒体播放器。

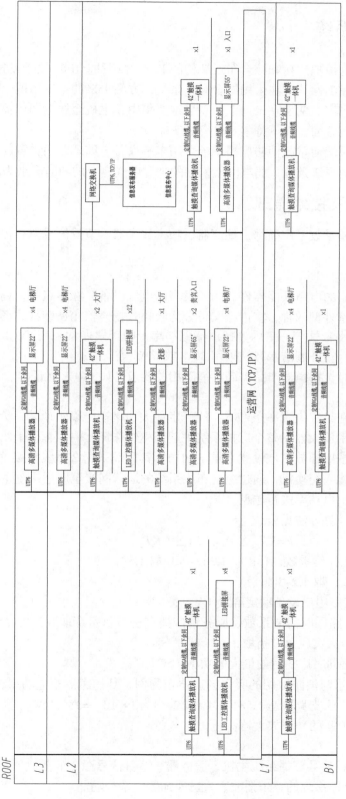

图 5-38 信息发布与查询系统图

5.8 公共广播系统

公共广播系统分为模拟广播和综合布线架构的 IP 广播两种。IP 广播较模拟广播而言，灵活性高、造价高。灵活性体现在采用综合布线系统，方便未来的系统拓展，每个末端扬声器都可以单独播放内容。两者在设计上的差异主要集中在主机至弱电间广播端子箱的线路及配套设备的类型两方面，以下将主要讲解 IP 广播系统。

建筑中公共广播系统通常与消防广播系统兼用末端设备。如果兼用，智能化设计仅考虑主机房至各弱电间的系统敷设，弱电间至末端的则以电气专业的消防图纸为准。

5.8.1 基础知识及技术原理

无论是模拟广播还是数字广播都由扬声器、功率放大器、节目信号源、传输线路四部分组成。

（1）扬声器

扬声器是一种常用的电声换能器件，用于发声的电气设备。在建筑中，扬声器根据场所可以分为室内型和室外型两种，室内型又可分为吸顶式扬声器箱、壁挂式扬声器、号筒式扬声器，室外型防水音柱等。室内型扬声器电功率，吸顶式通常采用 3W，壁挂式采用 6W，号筒式采用 6W，室外型防水音柱采用 30W 或 60W 等。

兼用作消防广播时，扬声器产品需满足消防相关要求，如 CCCF 认证等。

（2）功率放大器

功率放大器是指在给定失真率条件下，能产生最大功率输出以驱动某一负载（例如扬声器）的放大器。功率放大器在整个广播系统中起到枢纽作用，一定程度上决定了整体系统的音质情况。大多按照播放区域设置在弱电间内，其后部采用 2 路线串接每个扬声器末端，前部通过双绞线接入交换机，通过综合布线系统的运营网接至广播系统主机。

功放设备按其输出电功率进行选型。

输出总电功率的计算方法见公式（5-1）。

$$P = K_1 K_2 \sum P_0 = K_1 K_2 \sum (K_i P_i) \tag{5-1}$$

式中：K_1——线路衰耗补偿系数，1dB 取 1.26，2dB 取 1.58；

K_2——老化系数，取 1.2~1.4；

P_i——第 i 条支路用户设备额定容量（W）；

K_i——第 i 条支路同时需要系数，服务性广播客房节目每套取 0.2~0.4，背景音乐取 0.5~0.6，火灾应急广播取 1；

P_0——每条支路同时广播时的最大电功率（W）。

以走道内背景音乐与消防兼用的吸顶扬声器箱为例，其扬声器箱电功率 3W，一条支路 10 个，该区域共 2 条支路。$P = 1.58 \times 1.4 \times (2 \times 1 \times 3 \times 10) = 132.72W$，故取整后，在该区域弱电间设置 150W 的功率放大器。

（3）安防控制室

安防控制室内设置公共广播系统主机、服务器、节目信号源（如播放器、麦克风、预设语音）。实现对于整体系统的音乐播放、人员通知等一系列功能。

5.8.2　末端布置

公共广播系统末端主要布置在公共区域。公共区域主要包括走道、电梯厅、休息厅、门厅、职工餐厅等。

室外广播设计方法见本书"6.5　室外安防设计图"。

公共区域优先采用室内型吸顶式扬声器，其设计要求参考《民用建筑电气设计标准》GB 51348–2019 中第 16.6.5 条。

1）门厅、电梯厅、休息厅内扬声器箱间距：$L=(2\sim2.5)H$，H 是扬声器箱安装高度。以普遍的 3m 层高为例，$L=6\sim7.5$m。

2）走道内扬声器箱间距：$L=(3\sim3.5)H$。以 3m 层高为例，$L=9\sim10.5$m。

3）会议厅、多功能厅、餐厅内扬声器箱间距：$L=2(H-1.3)\tan(\theta/2)$，θ 扬声器的辐射角，一般取 $\theta\geqslant90°$。以 3m 层高，辐射角 90° 为例，$L=5.4$m。

以图 5–39 为例，建筑内狭长走道串联起电梯厅、各办公室、楼梯间、卫生间等区域。此走道吊顶高度为 3m，故吸顶式扬声器按走道内间隔 9~10.5m，电梯厅内间隔 6~7.5m 设置。门厅设计方法相同，只需要注意门厅的高度以确定扬声器箱的间距。

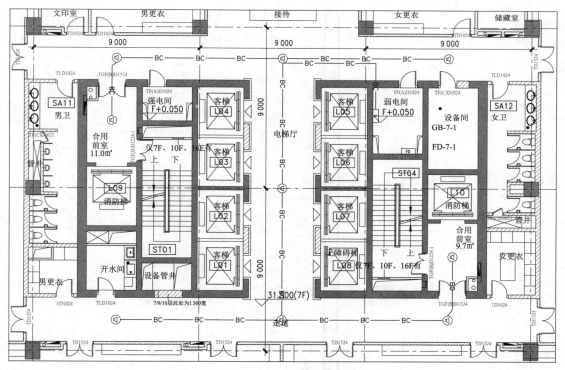

图 5–39　公共广播平面图

5.8.3　连线

（1）线型

各系统采用的线型差异通过代号区分，见图 5–40。

图形符号	线路名称	规格型号及安装说明
BC	火灾广播线路	NH–RVV–2×1.5mm²–SC20

图 5-40 公共广播线型图例

考虑到公共广播通常与消防系统合用，线路需按消防的高标准执行，设"BC"线为 NH–RVV–2×1.5mm² 广播线。

（2）弱电间

弱电间内设置功率放大器，后部通过音频线连接扬声器，前部通过音频信号线连接至安防控制室内的前置放大器。

（3）线管

扬声器因其采用串接方式，故多采用线管敷设方式，若不与消防兼用也可借用线槽配合线管敷设方式，见图 5-39。

5.8.4 系统图

该系统（见图 5-41）末端各扬声器接入位于弱电间 19 "标准机柜内的功率放大器中，

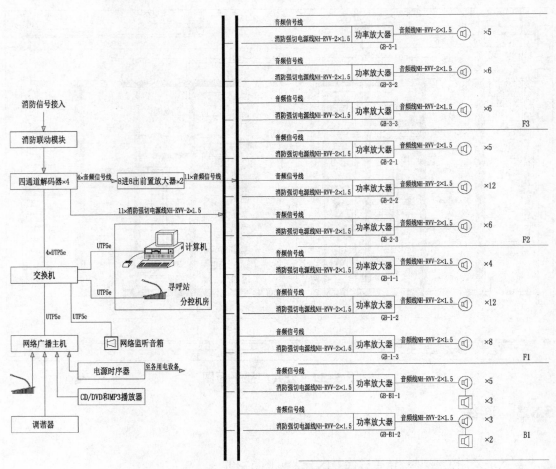

图 5-41 公共广播系统图

功率放大器前端通过广播线槽敷设音频线至位于安防控制室 19 "标准机柜内的前置放大器，再接入同机柜内的解码器，实现网络音频信号与模拟音频信号的转换。进而，通过交换机与广播主机、监听音箱、分控机房设备相连接。同时，将音源设备，如麦克风、播放器、用于广播的调谐器、电源时序器接至广播主机，并通过电源时序器为所有用电设备供电，以保证有序开关各电源设备，避免操作不当烧坏设备。另外，通过消防联动模块，接收消防报警与联动系统发来的报警信号，实现对解码器强制切换到消防广播状态的功能。

建筑内公共广播系统通常与消防广播系统兼用，故需与业主确定是否由智能化完成设计。

5.9 智能灯光系统

5.9.1 基础知识及技术原理

智能照明系统是指利用嵌入式计算机配合节能控制等技术组成的分布式照明控制系统，实现对照明设备的智能化控制。其采用总线制架构，分为配电箱内的智能照明模块、各类智能开关、通信线路、系统主机四部分。

（1）智能照明模块

智能照明模块是设置在照明配电箱中的控制模块，其通过控制照明回路的通断电，实现末端照明灯具的开关或调光控制。以图 5-42 为例，在电气专业照明配电箱系统图中设

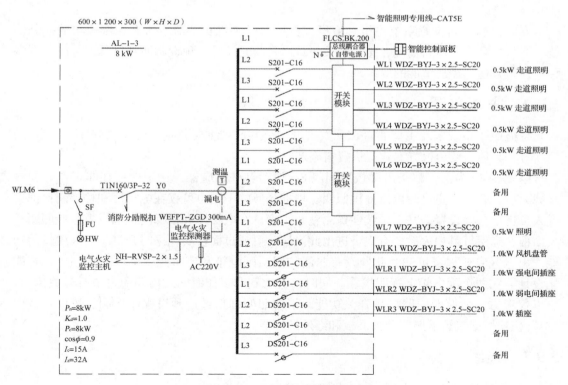

图 5-42　照明配电箱系统图

置了 2 个 4 路控制模块，用于控制公共区域的灯具回路。模块上端引出总线至系统主机，结合智能化设计的智能照明系统图可以完整的表达该系统。

模块按照功能分为控制模块和调光模块两类，控制模块只实现控制各条回路的开关，调光模块不仅能够控制各条回路的开关，还可以实现对于灯具光源亮度的调整。模块按照应用环境分为非消防模块和消防模块两类，消防模块能保证建筑处于消防状态时，实现强制开启回路的功能。模块按照规格又可分为 2 回路、4 回路、8 回路、12 回路、16 回路等，常用的是 2 回路、4 回路、8 回路。

模块由电气专业设计，并提供相关配电箱位置等资料，智能化主要完成智能开关、通信线路、主机的设计。

（2）智能开关

智能开关是为方便设置有智能照明模块区域的人员对本地灯具控制的开关设备。通常分为墙上安装的智能开关液晶面板和顶部安装的红外或雷达感应器两种。液晶面板可以根据针对该区域灯具设定的模式分为多种状态，如日间模式、夜间模式、清扫模式等，按模式设定开启的灯具数量及调光状态。红外或雷达感应器则按预先设定好的模式，在特定时段按照有人员经过该探测区域时，开启相关灯具，其有效探测直径约为 8m，根据空间的形状会略有差异。

（3）通信线路

通信线路多采用 CAN 协议的 RS485 总线制，通过总线将所有的智能照明模块串接，不超过 32 个模块一路，且消防与非消防分开。总线直接引至系统主机。

（4）安防控制室

安防控制室内设置系统主机。值班人员可通过主机实现对于所有控制模块的控制功能，并可配合建筑运营情况，结合季节、日出日落时间等，预设各回路灯具开关时间等多种模式，以达到经济节能的效果。

5.9.2　末端布置

智能照明系统末端主要布置在公共区域。公共区域主要包括走道、电梯厅、休息厅、门厅等，具体需要由电气专业提供资料确定。

以图 5-43 为例，整条走廊按照间隔 8m 设置红外感应器，用于保证在非工作时间灯具熄灭后，有人员走过时可以提供照明。根据场所的不同也可仅在电梯厅和楼梯间口部这类人员进出口处设置，并不延续性探测整条走廊。在电梯厅和楼梯间口部设置智能照明开关面板，确保灯具熄灭后，有人员进出此区域时可通过面板实现来时开灯、走时关灯的功能。由电气专业提资可知，此处设有非消防照明配电箱和消防照明配电箱各一个，智能化设计需在两个配电箱上标明模块。同时，考虑到非工作时间才需要通过末端开关控制，所以仅考虑一般照明回路灯具开关功能，消防照明则仅通过预设程序控制。故仅在图中"Z1"模块后串接智能照明开关面板和红外感应器。

5.9.3　连线

（1）线型

各系统采用的线型差异通过代号区分，见图 5-44。

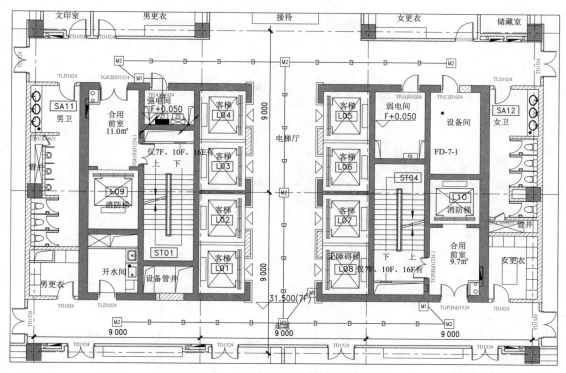

图 5-43 智能照明平面图

图形符号	线路名称	规格型号及安装说明
B	智能照明系统总线	（1×RVSP 2×1.0）mm²–JDG25–ACC/WC

图 5-44 智能照明线型图例

智能照明的 "B" 线为（1×RVSP 2×1.0）mm² 总线。采用总线制架构，网关设置在安防控制室，网关前部直接用网线连至核心交换机，后部则转换为总线制，整栋建筑的智能照明模块采用串接，每条回路不超过 32 个模块。

（2）弱电间、线管

因智能照明模块设置在照明配电箱中，而照明配电箱大多设置在强电间中，且智能照明系统采用总线制，故弱电间内没有智能照明相关设备。同时采用线管连接的方式，可以通过在强电间引上引下，不再借用线槽敷设。

5.9.4 系统图

以图 5-45 为例，该建筑地上三层，地下一层，每层都设有消防与非消防两类智能照明模块。两类模块分开串接总线，每路不超过 32 个，同时消防模块总线需要采用耐火型。每个模块后部串接智能照明开关和红外探测器，同样每路不超过 32 个。所有模块最终通过接至位于首层的安防控制室的网关接入系统主机。

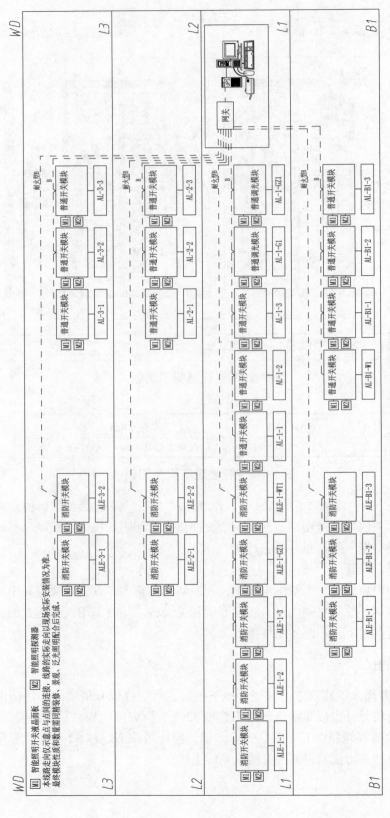

图 5-45 智能照明系统图

5.10　会议系统

会议系统作为智能化中较为复杂的系统，其融合了视频显示系统、音频扩声系统、会议辅助系统三部分，涉及多方面的知识。另外，对于面积较大的会议室，如报告厅等还需要考虑灯光系统，灯光系统通常由专业公司完成设计，不属于智能化设计范畴。

会议系统设计方面的灵活度较高，需要同业主做好沟通，切实满足业主对于各间会议室不同的需求，不能一概而论。如一间小型会议室既可配套设置音响扩声、投影仪、摄像机，也可只设置一块显示屏在桌面留接线，又可都不设置，在需要时可采用桌面投影仪。本节将按较常用的会议系统内容进行讲解，在理解设计思路的基础上可以根据不同产品进行扩展与调整。

5.10.1　基础知识及技术原理

（1）视频显示系统

视频显示系统与信息发布系统中的视频显示原理相同，由末端设备、矩阵、显示屏三部分组成。矩阵作为视频信号处理的中枢设备，其与中控主机相连，接受主机的控制。矩阵根据使用的类型不同可以分为 RGB 矩阵、AV 矩阵、HDMI 矩阵等，而随着时代发展，目前已经全部采用 HDMI 矩阵形式，并配套采用 HDMI 接口。通过矩阵连接末端设备，如计算机、摄像机、多媒体插座、DVD 播放器等获得视频信号。其中，摄像机主要用于视频会议，多媒体插座用于连接笔记本计算机等外部设备。进而，通过矩阵连接显示器，如显示屏、拼接屏、投影仪等设备，将视频信号转换成图像播放出来。这些设备都通过 HDMI 线连接至控制室内机柜中的高清混合矩阵，矩阵与中央控制主机相连，受其统一管理。另外，中控主机还设有控制线连接显示屏和摄像机。通过控制室内的电源管理器可以为显示屏提供电源，并通过管理器进行开关机。同时，电源时序器为控制室内的各个设备提供电源，有序开关各设备。

（2）音频扩声系统

音频扩声系统与公共广播系统的原理相同，只是设备更为专业，如扬声器改为音箱，而且更加注重声学。建筑声学是研究建筑环境中声音的传播、评价、控制的学科。其涉及回声的控制，合适的混响时间，装修材料和房间形状等许多方面。针对重要建筑场所，如剧院等需由专业声学公司完成设计。这里仅针对智能化设计用到的基础知识加以讲解。

1）设备。音频扩声系统可以分为音源设备（如话筒和播放器）、调音台、周边设备、功率放大器、扬声器五部分。话筒可分为手持式、支架式、鹅颈式、领夹式、头戴式，播放器可分为 DVD 播放器、激光唱机、硬盘播放器、计算机音源、收音器。调音台是将多路输入信号进行放大、混合、分配、音质修饰和音响效果加工后，通过母线输出的设备。其按功能可以分为主调音台、辅助调音台、移动调音台，按信号分为数字调音台、模拟调音台。周边设备包括均衡器、分频器、效果器、声音抑制器等很多种。功率放大器分为定阻功放和定压功放。扬声器分为主音箱、辅助音箱、返听音箱、超低音音箱等。

2）计算。音箱设置高度通常为距地面 2.5m，其设置位置及数量取决于是否能够覆盖整个房间。这是通过声压级的计算确定。因人耳从低音到高音的感知范围的声压级

L_p=0~120dB。

声压级计算方法见公式（5-2）。

$$L_p=L_s-20\lg R+10\lg W_e \tag{5-2}$$

式中：L_p——声压级（dB），最大值为120dB；

　　　L_s——1瓦米扬声器平均轴向灵敏度（dB）；

　　　R——扬声器到听众点的距离（m）；

　　　W_e——扬声器使用的电功率（W）。

以90°开角，W_e=600W，L_s=100dB的音箱为例，按最大声压级110dB计算，110=100−20lg$R$+10lg（600），R=7.7m，再考虑到音箱与人耳的高度差，所以该600W音箱可以覆盖90°开角7.5m范围内的听众。300W音箱，L_s=100dB，90°开角，计算知其可覆盖5.5m范围内的听众。

针对大型重要会议场所，可以通过EASE软件进行模拟得到最为准确的声压级计算，以保证建设完成后可达到预期效果。

（3）会议辅助系统

主席机、代表机具有话筒及投票表决等功能，通过会议主机接入中央控制系统，同时接入调音台。无纸化多媒体终端通过交换机连接管理主机和服务器，在每个桌位处设置一台，用于完成记笔记、显示信息等功能。

5.10.2　末端布置

以图5-46为例，是一个报告厅，其所包含的系统较为全面，可在此基础上进行系统的增减。

（1）视频显示系统

结合房间特点及业主需求确定采用的显示器，如大型会议室、报告厅通常在主席台墙面设置拼接屏或者投影仪，小型会议室可以采用移动式投影仪或显示屏。图5-46中报告厅属于长方形，故在主席台墙面设置20m² LED拼接屏作为主显示屏，同时在观众区中部增设两块吊装式55"显示屏用作后排的辅助显示屏。为了会议中主席台接入笔记本计算机或U盘等设备通过显示屏或者音箱播放信息，设有多媒体插座。另外，考虑视频会议的画面分别在主席台正中和正对主席台正中墙面上端设置高清摄像机。

（2）音频扩声系统

针对会场的声音全覆盖，通过声压级计算选定600W音箱作为主音箱，通过角度的调整设置6个主音箱保证整个房间规定声压级的全覆盖，另设两个辅助音箱用于对主席台区域的声压级覆盖，还在控制室内设置监听音箱用于监听现场播放情况，见图5-47。当房间规模较小时或没有控制室时，可不设置监听音箱。当房间是普通会议室且面积较小时，可以仅设置吸顶式扬声器或不设置音频扩声系统。

（3）会议辅助系统

会议室可根据桌椅家具排布确定主席机、代表机、无纸化多媒体终端进行一对一设置。当房间规模较小或重要性较低时，可不设置此系统。图5-46中报告厅因只有主席台区域设有桌子，而观众区只有椅子，故可仅在主席台区域根据家具布置一对一设置主席机、

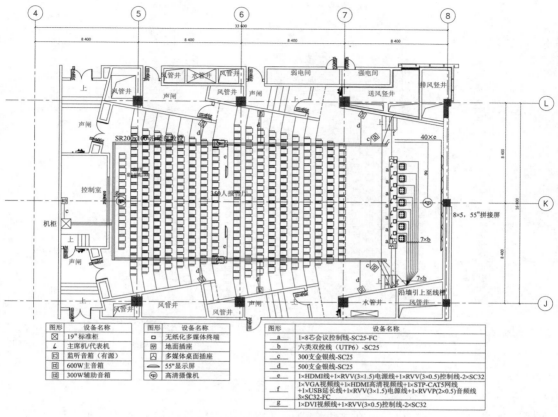

图 5-46　会议系统平面图

注：控制室也可同建筑专业协调至主席台侧，以节省管线，且方便控制。

代表机、无纸化多媒体终端。另外，考虑到主席台家具有可能调整，故主席机、代表机接线至桌子下面的地面插座，地面插座通过暗敷管线连至控制室机柜。

5.10.3　连线

（1）线型

会议系统是一个较为独立的封闭系统，其线型数量较多，通常随会议系统平面图或系统图表达，见图 5-46。

（2）控制室

会议系统是一个较为独立的封闭系统，通常在房间内设置系统机柜放置主机、服务器等设备。会议室通常在房间角落处放置机柜，报告厅大多设有控制室，机柜设置在控制室内。会议系统以机柜为核心进行接线。

机柜旁通常设有综合布线系统有线网的数据插座，用于帮助会议系统接入市政网络，以完成视频会议这类需要与外部广域网数据交互的功能。

（3）线管、线管结合线槽

图 5-46 中，因房间面积较大，且控制室设在房间后部，故采用线槽结合线管的方式

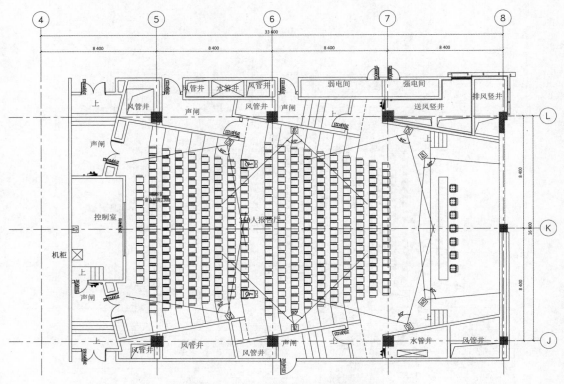

图 5-47　会议系统音箱布置图

布线，当线路较少或控制室设在主席台侧时，可以采用线管连接的方式。需要注意的是，很多末端设备布置在地面上，需要通过埋地敷设线管至墙面，再沿墙敷设线管至顶部，引入线槽。具体的连线根据设备的不同，对应不同的线路，如主音箱通常采用 500 支金银线，而辅助音箱通常采用 300 支金银线，这些线路的设计与系统图相对应。

5.10.4　系统图

对应图 5-46 的系统图见图 5-48。系统图上半部分是音频扩声系统，中间部分是会议辅助系统和中央控制系统，下半部分是视频显示系统。

（1）音频扩声系统

调音台作为音频系统的核心部件，通过一端连接各种音频输入源，如 DVD 播放机、话筒。话筒根据类型的不同分为有线和无线两种。无线话筒又分为手持式、头戴式、领夹式多种，这里采用手持式和头戴式两种，其通过同轴电缆连接至一个天线分配器，再在报告厅内设置指向性天线，为话筒提供信号传输通道。有线话筒融合会议表决功能，可分为主席机和代表机，通过 8 芯会议控制线连接至会议主机。会议主机通过反馈抑制器连至调音台。这里的反馈抑制器用于抑制反馈产生，提高扩声的增益量，其仅在重要场所使用，若后部接入扬声器则无须设置。在调音台另一端连接各种音频输出源，通过均衡器采用音频线连接数字音频处理器。这里的均衡器用于对声音的频响曲线进行调整，以达到更好的声音效果，只有音质要求较高的场所才需设置。数字音频处理器用于对节目源进行数字处

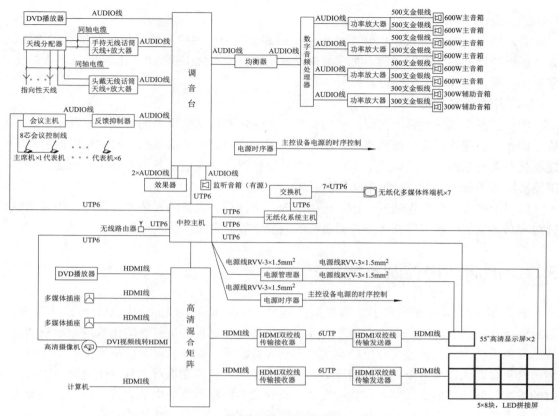

图 5-48　会议系统图

理，其后通过音频线连接功率放大器。功率放大器用于将电信号转换成音频功率信号，驱动音箱发生的设备，主音箱通过 500 支金银线连接，辅助音箱通过 300 支金银线连接。功率放大器的功率等于其后所接音箱功率（因现场线路较近，衰减较少，可不考虑放大功放的功率）。另外，在调音台上还接有效果器和监听音箱，效果器用于修饰、调整声音以达到更好的效果，对音质要求不高的场所可不设置，监听音箱主要针对设有控制室的房间，因控制室封闭后无法很好地听到房间的声音效果，所以单独设置音箱。调音台所接设备都通过音频线（AUDIO 线）连接。

（2）视频显示系统

高清混合矩阵是视频显示系统的核心部件。矩阵的一端通过 HDMI 线连接视频输入源，如 DVD 播放器、多媒体插座、高清摄像机、计算机。多媒体插座可以接入各种音源信息，如 U 盘、笔记本计算机、话筒等，方便使用。高清摄像机为视频会议提供视频信号，再结合音频系统，可以实现视频会议功能。矩阵的另一端通过 HDMI 线连接视频输出源，如显示屏、投影仪。考虑到 HDMI 线只能有效传输 15m，所以当现场距离超过 15m 时，需要通过 HDMI 双绞线传输器转换为六类双绞线再在显示屏终端转回 HDMI 线，以增加传输距离，最长可达 100m。这里需要注意：显示屏与 HDMI 线路是一对一对应关系，需根据具体的屏幕数量确定线路数量；各部分采用 HDMI 线是配合高清视频矩阵而来，若采用 RGB 或 AV 矩阵则需采用对应线缆。

（3）会议辅助系统

会议辅助系统由会议主机和无纸化主机两部分组成。会议主机连接主席机和代表机，并通过反馈抑制器连接调音台，实现会议发言功能。无纸化主机通过交换机连接各无纸化多媒体终端，实现无纸化操控。

（4）中央控制系统

中央控制系统作为整个会议系统的核心，其连接着辅助会议系统主机、无纸化系统主机、调音台、视频矩阵、摄像机、显示屏等，用于控制整个会议系统。同时在中控主机上还连接有无线路由器，以完成与手机、平板计算机等移动通信设备的无线互联功能。若不需要协同各子系统，可不设置中央控制系统。

除以上智能化线路连通外，还需提供电源，并针对各设备的开关进行管理，相应选择针对音频系统的电源时序器和非音频系统的电源管理器完成。

5.11　酒店客房控制系统

酒店客房控制系统是基于客房智能控制器（Room Control Unit，RCU）构成的系统，是对酒店客房的开关门、中央空调、灯光、背景音乐、电视等进行智能化管理与控制的系统。客控系统为酒店管理实时反映客房状态、宾客需求、服务状况、设备情况，是在酒店客房对于智能化需求愈发提高的情况下，应运而生的通过控制器对大部分供电设备进行控制的系统，取代了传统依靠电气接线实现灯具开关和插座供电断电的方式。按照系统形式可以分为综合布线架构和总线制架构两种，而现今多采用综合布线架构，本节也将以综合布线架构为主进行讲解。

5.11.1　基础知识及技术原理

该系统由各类末端控制面板、RCU 模块、通信线路、系统主机四部分组成。

（1）各类末端控制面板

在客房内部，客人是通过各类控制面板实现对各类灯具的开关、各种场景模式的转换。常见的控制面板包括客房门外侧的门铃开关、勿扰指示灯；门内侧的插卡取电、灯具开关；卫生间门旁的灯具开关；卫生间坐便旁的紧急报警按钮；床头两侧的灯具开关和总控开关；床旁设置温控器面板。这些开关通过双绞线（UTP）连接至 RCU 模块，实现对 RCU 模块后部各条供电回路的控制功能。

（2）RCU 模块

RCU 是客房智能控制器，放置在单独的箱体中，通常配合客房内专用配电箱放置在进门处衣柜内，用于中高档酒店宾馆以及智能建筑。RCU 通过对于微计算机控制单元的集成，具备微处理功能，实现对其后部供电的客房电器、灯具及插座的控制功能，并针对各酒店及各类客房的需求，定制开发各种场景模式，为客人带来更美好的入住体验。

RCU 作为客房内的主机，后部连接智能化的各类控制面板及需要控制的各类设备供电回路，前部通过智能化的综合布线架构或总线制架构连接系统主机及客房内负责供电的配电箱。

（3）通信线路

系统分为综合布线架构和总线制两种。当采用综合布线架构时，客房的 RCU 通过 UTP 一对一连接至综合布线系统运营网中弱电间的交换机，主机连接至主机房的核心交换机处，完成整个系统的传输。而 RCU 至各控制面板同样采用 UTP 一对一连接，如每个控制面板需连接一根 UTP 至 RCU 模块。当采用总线制架构时，客房的 RCU 模块通过总线串接，不超过 32 个一路，直接引至系统主机。各控制面板则按照多线制连接至 RCU。

运营网达到百兆网即可实现传输，所以采用超 5 类双绞线（UTP5e）即可。

（4）系统主机

结合综合布线系统运营网，将系统主机及服务器放置在安防控制室或电话网络机房等数据机房内，且运营网在总台、客房部、工程部、保安部均需设置数据插座，各部门将计算机接入插座即可通过系统软件完成对于客控系统的管理工作。

5.11.2　末端布置

客控系统与精装修专业、电气专业密切相关，需要配合确定。酒店客房通常需要精装修确定家具、灯具、客控面板、插座等数量及位置，并由电气专业和智能化专业依据标准、规范及工程经验配合精装修专业完成。精装修图纸确定后，智能化专业需要将 RCU 的系统图提供给电气专业，由其按照相关规范完成配电设计。同时，依据电气专业提供的设计资料，智能化专业完成智能化设计。

智能化专业主要负责 RCU 箱、各类控制面板、通信线路三部分。以图 5-49 为例。RCU 模块放置在单独的 RCU 箱体内，设置在进门处衣柜内墙壁上暗装。门铃开关和勿扰指示灯（或多媒体显示面板）设置在客房门外用于提供门铃和显示客房信息等功能。插卡取电和灯具开关通常并排设置在门内侧，在卫生间门外设置卫生间灯具开关，在卫生间坐便旁设置紧急报警按钮用于实现对酒店安保部的报警求助功能，床头两侧设置房间内的灯具开关和整个客房的通断电总控开关，在进门处或床边设置控制中央空调的温控器面板。另外，为了宾客有更好的体验，还在客房门、衣柜门处装设门磁开关，客房门开关时通过 RCU 控制开关门廊灯，衣柜门开关时通过 RCU 控制开关衣柜灯。卫生间吊顶设置红外探测器，有人员进入卫生间时触发探测器，通过 RCU 控制开关卫生间灯具。

5.11.3　连线

设计图只需要表达 RCU 箱（看作数据插座）接入综合布线系统的运营网，线型图例采用"T"和"2T"的标注，见图 5-49，连线方法可参看本书"5.1　综合布线系统"。值得注意的是，门铃开关和勿扰指示灯是一个面板，但门铃开关和勿扰指示灯是两种功能，需要连接两根双绞线。

5.11.4　系统图

（1）客控系统

客控系统按照综合布线架构，RCU 箱接入运营网，一个 RCU 按一个数据插座计算，详见图 5-49。因为客控系统接入运营网，所以总台、客房部、工程部、保安部均需设置接入运营网的数据插座，在同一网络内才可实现整个客控系统的管理功能。

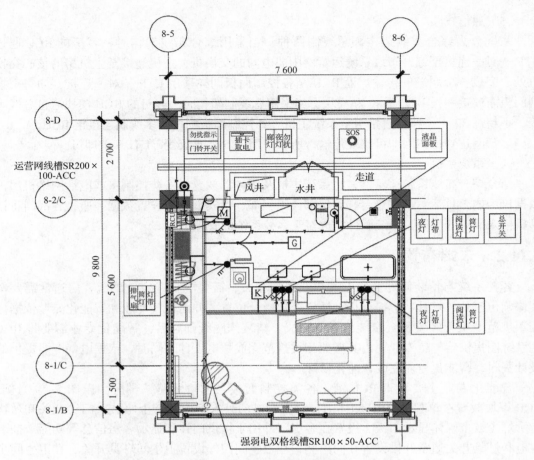

图 5-49 客控系统平面图

（2）客控 RCU 系统

作为客控系统的核心部件，RCU 的接线直接影响着智能化和电气专业的接线，需要单独出具一张客控 RCU 系统图以说明供电和控制的接线方式，见图 5-50。

供电部分，由电气专业完成，仅供其参考配电原理。图中左侧点划线圈出处是电气专业客房配电箱系统的设计图，右侧点划线圈出处是电气专业需在电气平面图中完成配电的设计内容。配电箱系统图中包括：第一条回路为兼作应急照明的廊灯供电，平时廊灯接入 RCU 受控，配合插卡取电或门磁开关控制，应急状态时，通过继电器接收应急状态信号，将开关元器件切换至专门的应急电源供电回路，确保廊灯点亮；第二条回路为 RCU 供电；第三条和第四条回路分别通过 RCU 为两个大功率插座供电，保证相应的插座受控，如插卡供电、拔卡断电；第五条回路为照明灯具供电，通过 RCU 分成若干回路，为各处同类型灯具供电，如卫生间灯带、顶部筒灯、排气扇均需要单独控制，则对应分成三条回路供电，通过 RCU 对回路通断电实现对该回路所接灯具的开关；第六条回路为中央空调供电，通过 RCU 受控；第七条回路为不间断电源插座，如冰箱和书桌上的一个充电插座在客人离开房间拔卡后需要继续供电，不接入 RCU 模块，不受控，即可保证持续供电；第八条和第九条为备用回路。

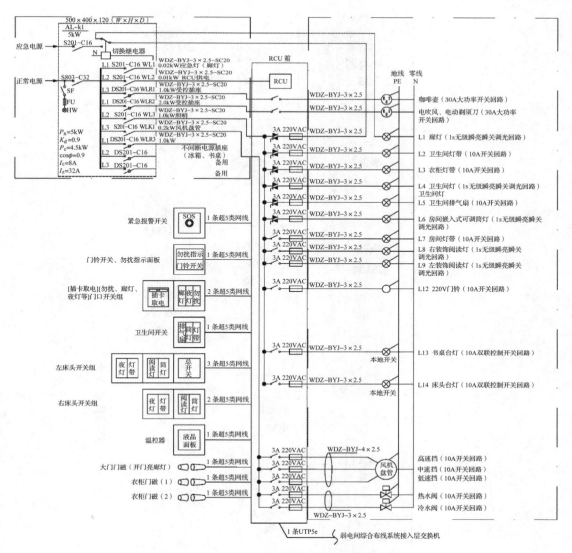

图 5-50 客控 RCU 系统图

控制部分，由智能化专业完成。图中未被点划线圈出的左侧一列是各类末端控制面板，通过超 5 类 UTP 完成与 RCU 模块的连接，进而通过 RCU 模块实现对于不同供电回路的通断电控制，实现多种组合模式。图中未被点划线圈出的右侧一列是 RCU 模块内系统形式，配合供电分为多条回路。

5.12　智能化系统集成

智能化集成系统是将建筑智能化各个系统通过统一的信息平台，实现集成功能，以形成具体信息汇集、资源共享、优化管理等综合功能的系统。该系统由各个系统主机处的接口组成。这些接口通过交换机实现数据传输，形成系统集成平台，再通过软件完成具体功能实现，见图 5-51。比如，消防报警系统探测到火情出现在某一位置，其信息由消防主

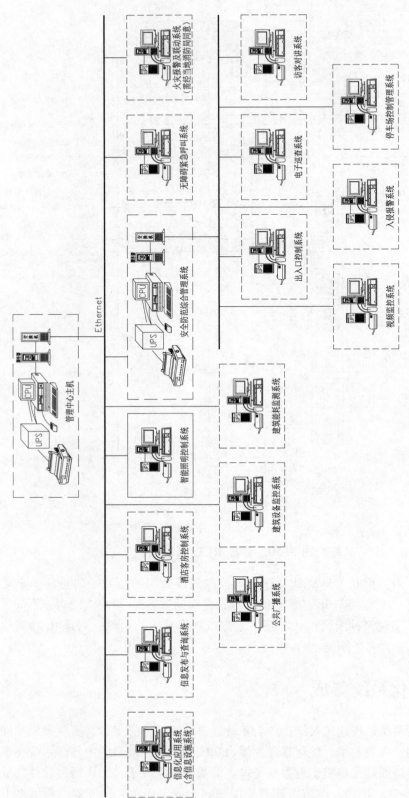

图 5–51　智能化系统集成图

机共享给视频监控系统，联动消防安防控制室内的显示屏自动弹出对应火灾位置摄像机的画面，以帮助值班人员确定火情。

特别说明：

1）通常为保证优先实现安防系统内部的联动关系，安防各系统形成安全防范综合管理平台，再将此平台进行集成。

2）集成的系统包括智能化所有系统，如消防部门同意，还可纳入消防系统。

5.13　智能化线槽

5.13.1　概述

智能化平面设计图中，大量地使用线槽，这里具体讲解平面图中线槽的设计方法。线槽设计需结合采用的系统考虑数量及路由。

按照综合布线架构下的组网方式及系统设计，可以分为内网线槽、外网线槽、运营网线槽、安防网线槽、专网线槽、有线电视线槽、UPS 配电线槽、移动通信线槽，共计八个线槽。其中的有线电视系统如果建筑规模不大可以直接敷设线管，不需要单独敷设线槽。这些线槽对应放置的系统线路需参考本书表 5-2。

安防线槽和 UPS 配电线槽应设计在安全防范设计图中，这里一并讲解设计方法。

按照功能，线槽可以分为干线和支线两段线路敷设，但因为智能化设备线缆属于同级别电压，所以干线和支线可以共线槽敷设。

光缆没有电压，本身也不具备导电能力，所以可以与其他线缆共线槽敷设。

5.13.2　设计原则

1）优先利用弱电间设计竖向路由。

2）优先利用走廊等公共区域设计横向路由，尽量避免穿越房间。

3）当路由必须在房间内引上引下时，应避免穿越有水、易燃、易爆房间，如卫生间属于有水房间、厨房属于易燃易爆房间。

4）干线可与支线共用线槽。

5）设计中，当线槽分别绘制影响图面整洁时，可采用同一路由线槽仅绘制一条，通过标注表达清具体线槽数量。

6）标注每条线槽的规格及安装方式。

5.13.3　线槽（槽盒）规格

线槽路由绘制后，需在线槽上标注每段的规格。以"SR200×100mm 距地 2.5m"为例，"SR"表示线槽材质是热浸镀锌钢材，"200mm×100mm"表示线槽尺寸是 200mm 宽、100mm 高，"距地 2.5m"表示线槽底部距地面高度是 2.5m。规范要求考虑防腐蚀性，需采用热浸镀锌钢材。宽和高的尺寸，首先根据系统图确定线槽内敷设的线路规格和数量，然后参照《建筑电气常用数据》19DX101-1 可知每条线路的截面积，经计算得到总的线路截面积，再按照《综合布线系统工程设计规范》GB 50311-2016 中第 7.6.5 条计算确定线槽的截面积，并按向上取整原则，结合常用尺寸（50mm×50mm、100mm×50mm、100mm×100mm、200mm×100mm、300mm×100mm、400mm×100mm、600mm×100mm等），确定线槽。

特别说明：

1）线管规格选择参照线槽计算方式确定。

2）建筑内楼板或墙面，预留孔洞及外墙的穿墙套管均由电气专业完成，智能化专业仅在原条件下整体优化线槽设计。若有需要，可参看《跨入设计院——建筑电气设计》第5.4.5节的设计思路。

5.13.4　设计步骤

1）确定各个弱电系统的主机房。

2）确定弱电进线间或运营商机房。

3）确定弱电间。

4）将各个弱电机房、弱电进线间、弱电间按系统设计路由。

5）用线槽表示清干线路由，并完成规格与高度的标注。

5.13.5　示例

现以一个工程实例来讲解。以平面图 5-52 和图 5-53 为例，各系统参照外网线槽和外网系统图 5-54 加以理解。

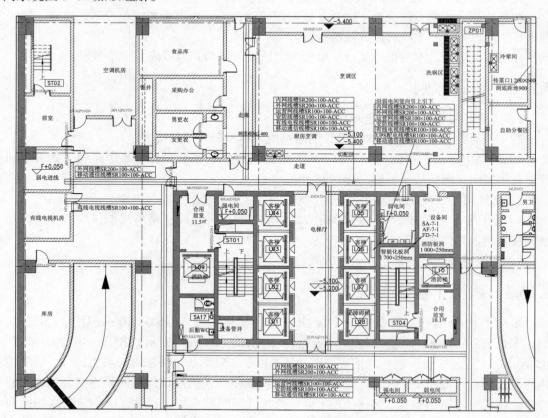

图 5-52　地下一层线槽平面图

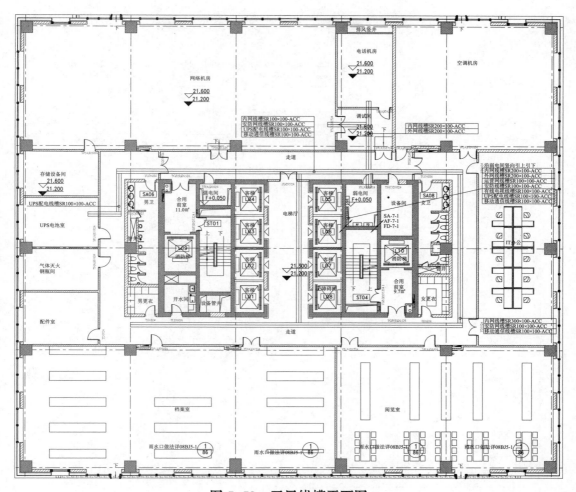

图 5-53　五层线槽平面图

　　该工程是一栋较为标准的办公楼，地上 16 层，地下 4 层。弱电进线间（运营商机房）、有线电视机房位于地下一层，网络机房、电话机房、UPS 电池室位于五层，安防消防控制室位于首层。建筑呈正方形，每层在核心筒内设置一个上下贯通的弱电间。沿此弱电间设计竖向干线路由，沿公共区域走道设计横向支线路由。另外，在地下一层、首层、五层，由弱电间至对应机房的线槽是干线和支线合用线槽。其中，线槽数量及规格在出现分支等变化时，需要将线槽前后两部分的规格都标注清楚。

　　这里以外网系统为例，其市政外线由地下一层弱电进线间进入建筑。借助外网线槽将市政光缆送至建筑核心筒的弱电间，再引至五层网络机房和电话机房。经网络机房和电话机房内的核心交换机出线，通过外网线槽敷设至各层弱电间内 19" 标准柜中。再经 19" 标准柜中交换机出 UTP，通过外网线槽配合管路敷设至每个末端信息插座。

　　地下一层图中，弱电进线间至弱电间考虑干线和支线合用外网线槽，其他区域考虑支线外网线槽。弱电间内竖向考虑干线外网线槽，另外，结合各系统线槽尺寸预留结构板洞，并标注清晰。五层图中，网络机房和电话机房至弱电间考虑干线和支线合用外网线槽，其他区域考虑支线外网线槽。

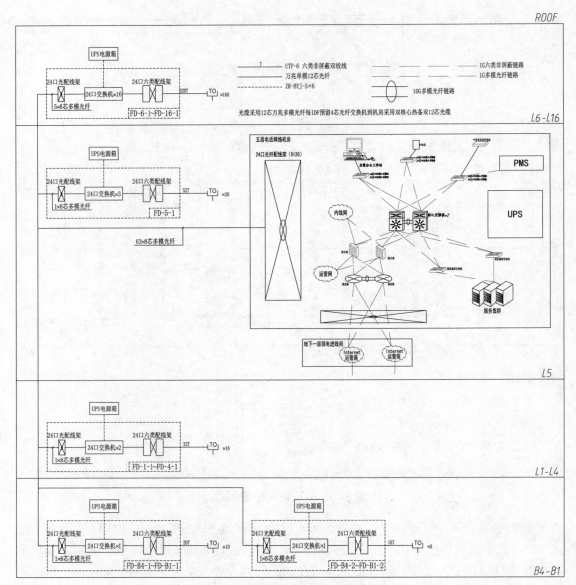

图 5-54　外网系统图

第6章 安全防范设计图

安全防范系统是以维护社会公共安全为目的，运用安全防范产品和其他相关产品所构成的系统。安全防范系统包括视频监控系统、门禁系统、停车库管理系统、入侵报警系统（含周界防护系统）、电子巡更系统、无线对讲系统、无障碍报警系统、可视对讲系统，共八个子系统。

视频监控系统、门禁系统、停车库管理系统三者采用综合布线系统架构，架构形式及设计原理可参看本书"5.1 综合布线系统"。入侵报警系统、周界防护系统，因考虑系统安全及独立性，通常采用总线制形式。电子巡查系统多采用离线式，无须布线，仅设置末端点和系统主机即可。无线对讲系统采用通信同轴电缆形式。

安防系统的设计，主要依据《安全防范工程技术标准》GB 50348-2018 和《民用建筑电气设计标准》GB 51348-2019。另外，各子系统还有专门的标准规范，设计时均应遵循。

《安全防范工程技术标准》GB 50348-2018 中，已明确各类建筑需要设计视频监控系统和门禁系统，其他系统则根据不同建筑特点，充分考虑业主方在建筑管理上的需要，结合专家评审意见确定。标准中还针对末端设置进行具体规定，下面结合平面图设计讲解。

值得注意，有些地区已经成立技术防范办事处，专门针对安防系统进行审查。

6.1 防护分区

防护分区是按照建筑内区域功能，通过划分防护级别，以实现安全防护和人员权限管理的区域划分方法。防护分区在建筑内既包括横向空间划分，也包括竖向空间划分，需同建筑专业的人流分析设计相配合。以图 6-1 和图 6-2 为例，一栋食堂北侧半区是学生、老师可以到达的就餐区，南侧是食堂工作人员所在的厨房和办公区，故其需要分成南北两个防护区域，同时二层与一层相同，故一层和二层的就餐区防护级别相同，一层和二层的厨房和办公区防护级别相同。另外，在就餐区内还有设备机房，其属于单独的防护分区。

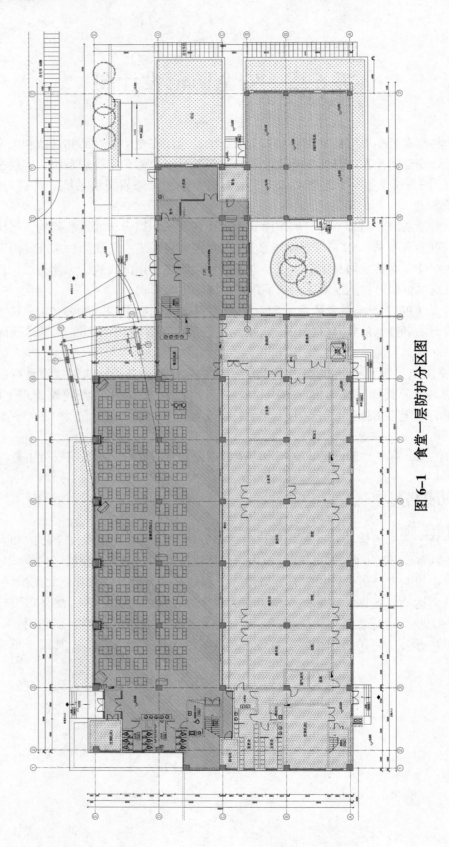

图 6-1 食堂一层防护分区图

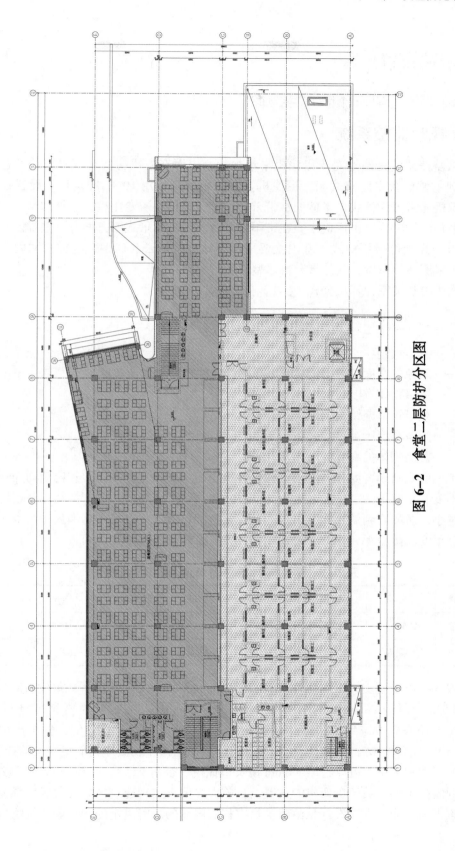

图 6-2 食堂二层防护分区图

6.2 末端布置

本章所用图例均与本书第 4 章相对应。

6.2.1 视频监控系统

视频监控系统是通过对于摄像机采集视频，进而在主机房实现实时监控及存储的系统。图例主要包含安防布线箱、摄像机。安防布线箱采用 19" 标准机柜，设置在弱电间内。摄像机通常分为枪式、半球型、带云台球型、电梯轿厢专用型、室外球型、室外带云台球型多种形式，这些摄像机主要在带不带云台和保护罩形式两方面有所差异。车库等美观性要求不高处可采用枪式，室内主要采用半球型、带云台球型，电梯轿厢内采用专用型，室外采用室外球型、室外带云台球型。

摄像机参数关系计算见公式（6-1）和公式（6-2）：

$$f=w \cdot L/W \tag{6-1}$$
$$f=h \cdot L/H \tag{6-2}$$

式中：f——镜头焦距；

w——图像的宽度（被摄物体在 ccd 感光元件靶面上成像宽度）；

W——被摄物体宽度；

L——被摄物体至镜头的距离；

h——图像高度（被摄物体在 ccd 感光元件靶面上成像高度）；

H——被摄物体的高度。

由于摄像机画面宽度和高度与电视接收机画面宽度和高度一样，其比例均为 4∶3，所以当 L 不变，H 或 W 增大时，f 变小，当 H 或 W 不变，L 增大时，f 增大。由此看出，镜头参数越小，所能看到的物体距离越近，视角范围越大。现以某产品参数作为参考，将镜头、覆盖角度、覆盖距离总结于表 6-1 中，各厂家产品略有差异。

表 6-1 镜头与对应覆盖角度及距离对应表

镜头参数	3.6mm	6mm	8mm	12mm	16mm	25mm	60mm
镜头角度	75.7°	50°	38.5°	26.2°	19.8°	10.6°	5.3°
最佳距离	10m 内	20m 内	30m 内	40m 内	50m 内	60m 内	80m 内

由表 6-1 可以看出，室内摄像机多选择 3.6mm、6mm、8mm 镜头，角度对应为 75.7°、50°、38.5°，最佳拍摄距离为 10m 内、20m 内、30m 内。在走道等狭长区域可以选用 6mm、8mm 镜头。考虑到各厂家产品差异，设计时通常按相对保守的，每个摄像机按照监控 20m 内，视角 50°，安装高度约 2.5m 设计。在电梯厅、楼梯间前室这类监控距离近，但监控范围大的区域，可以选用 3.6mm 镜头摄像机，视角 75.7°，监控 10m 内区域。

视频监控末端是关于摄像机的放置，目前大多要求实现建筑内的公共区域全覆盖及重点房间覆盖的功能。末端设计是由建筑物内相应区域的功能决定的。一般建筑物内通常需要考虑设置的区域有：公共区域，包括走廊、楼梯间、电梯厅、大堂；办公室；会议室；餐厅；厨房；库房；设备机房；电气机房；电梯轿厢等。

末端设置应满足标准、规范中的要求。

（1）公共区域

公共区域作为摄像机布置最为重要的区域，包括走廊、楼梯间、电梯厅、大堂等。楼梯间内因监视区域过小，经济上不合理，故不设置摄像机，而是在各层各楼梯间前室设置。公共区域考虑长期监控的全覆盖，所以采用固定式摄像机，结合工程项目的重要性，在大的开敞区域还可以设置室内云台式摄像机作为安保人员用于巡视的设备。

以图6-3为例，走道是狭长空间，长度27m，在两端设置摄像机即可监控整条走道。另外在中间的电梯厅处及两边楼梯间与电梯合用的前室中单独设置摄像机。

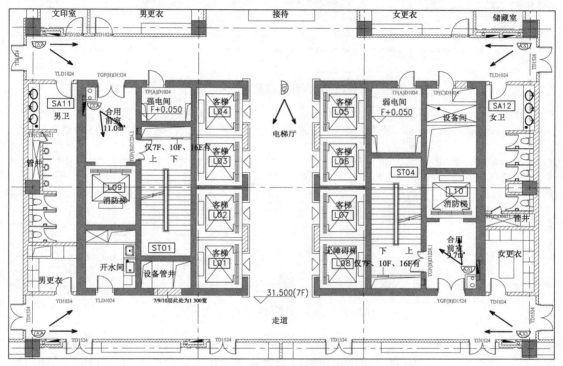

图6-3 走道视频监控平面图

注：图中箭头表示摄像机照射方向，与设计图无关。

以图6-4为例，大厅多为高大空间，摄像机为保证安装高度要求，顶板较高时，可选择墙面或柱子处壁装，同时，将大厅分隔成多个区域进行设置。客户体验区和展示区可作为单独区域，对角设置摄像机监控。大厅中间看作一个区域，四角设置。正对大门还需单独设置摄像机用于照射人脸，还可在门旁设置巡视整个大厅的云台摄像机。

（2）办公室、会议室、设备机房、电气机房、库房

通常为了保证员工的隐私权，这些位置是不设置视频监控的，但可根据业主方的需要增加设计。小型办公室、会议室设计一个末端即可，大型办公室、会议室则应适当增加末端数量，形成对角设计，详见图6-5。

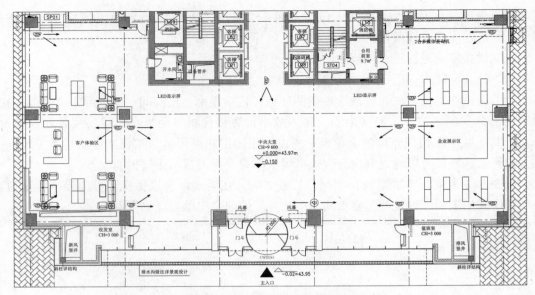

图 6-4　大厅视频监控平面图

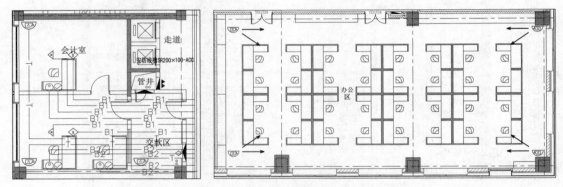

图 6-5　办公室视频监控平面图

　　另外，有一些同办公室类似的特殊房间需要设置摄像机以保证出现安全问题时的证据采集，如财务室、档案室、幼儿园和学校的教室等。在重要的设备和电气机房，如消防泵房、生活水泵房、制冷机房、消防安防控制室、变配电室、电梯机房等也需要设置摄像机。一般库房可以不设置摄像机，但重要物品库房，如奖品库、藏品库等需要设置，具体可参考办公室设计方法。

　　（3）多功能厅、报告厅等大空间房间

　　多功能厅及报告厅这类高大空间房间，摄像机的设置可以结合大厅和办公室的方法进行设计。

　　（4）停车库

　　停车库因不需要考虑美观，可以采用枪式摄像机，吊装或壁装。其布置原则是，首先保证各人员及车辆出入口设置摄像机，其次摄像机需在行车通道上方设置，车位处不需设置，见图 6-6。

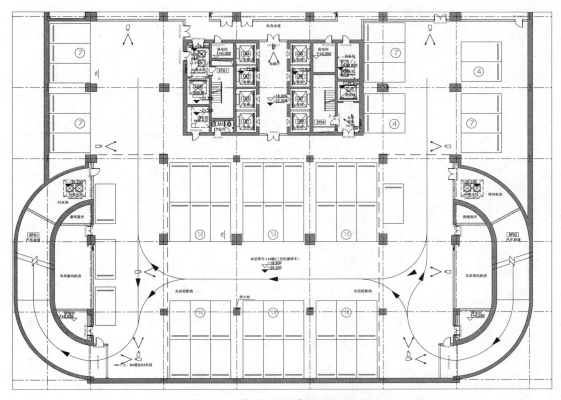

图 6-6　停车库视频监控平面图

（5）电梯轿厢

电梯轿厢作为建筑中重要的竖向运输通道的封闭空间，其内部为了安全需设置电梯专用广角定焦摄像机。智能化设计需在电梯井道最顶层处设置，以保证接线长度满足轿厢升降的长度，见图 6-7。

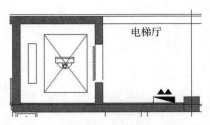

图 6-7　停车库视频监控平面图

6.2.2　门禁系统

门禁系统是对出入口通道进行权限管理的系统，末端包括电控锁、门磁、读卡器、开门按钮四部分，见图 6-8。电控锁和门磁安装于门的上方，电控锁作为门的终端控制机

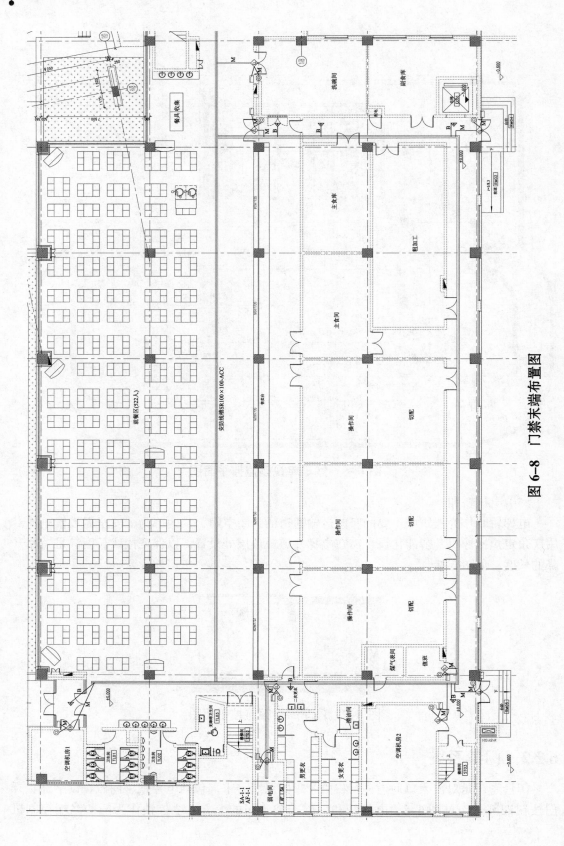

图 6-8　门禁末端布置图

构，通过控制器来控制门磁通断电开关门。读卡器是位于防护分区门外，通过卡片识别来验证权限，以决定是否可以开门的设备。有多种身份识别的方式，如指纹识别、人眼虹膜识别、面部识别等。开门按钮是位于防护分区门内，人员出到区域外的开门按钮。一般建筑物内需要考虑设置门禁的区域有公共区域防护分区交界门、办公室门、会议室门、餐厅门、厨房门、库房门、设备机房门、电气机房门等。

（1）公共区域

公共区域门禁的末端需要按照防护分区的概念（参见本书"6.1　防护分区"）在其交界处的门设置，以及所有室内与室外交界处的门设置，完成防护分区隔离的作用。有些区域夹在两个防护分区间时，或者两侧的人员权限不同时，也可以通过门两侧都设置读卡器的方式进行管理。

（2）办公室、会议室、设备机房、电气机房、库房

办公室、会议室相类似，如果一栋办公楼中某两层是同一部门（或公司），那么可以在电梯厅和楼梯间的门设置门禁末端实现分隔防护分区。如果一层有多个部门（或公司），那么需在每个办公室门设置末端，设置方法见图 6-8。另外，有一些同办公室类似的特殊房间也需设置，如财务室、档案室等。在重要的设备和电气机房，如消防泵房、生活水泵房、制冷机房、消防安防控制室、变配电室、电梯机房等同样需要设置。一般库房可不设置，但重要物品库房，如奖品库、藏品库等需要设置，设计方法可以参考办公室的方法设计。这些房间设置与否需同业主沟通，由其确定设置原则。

6.2.3　停车库管理系统

停车场管理系统是通过计算机、网络设备、车道管理设备搭建的一套对停车场车辆出入、场内车流引导、收取停车费进行管理的网络系统。停车管理系统分为多种情况，本节按照较完整的系统进行讲解，包括车辆收费、引导、寻车等功能。根据建筑项目的差异可在此基础上进行增减设计，如最基本的停车库管理系统可只在出入口设置岗亭收费管理车辆进出。

（1）车辆识别摄像机

车辆识别摄像机分为单、双、三车位摄像机，在车位前方顶部吊装，见图 6-9。其具有显示车位画面、识别车辆牌照号、在摄像机上通过显示灯提示对应车位有无空位的功能。

（2）车辆引导指示牌

指示牌用于显示车位数量，通常在地下车库入口处落地安装或吊装，在车库内车道转弯处吊装，见图 6-9。

（3）车辆查询机

车辆查询机用于车辆检索，按照车牌号可以给出路线图指导取车路线，常设置在电梯厅内，见图 6-9。

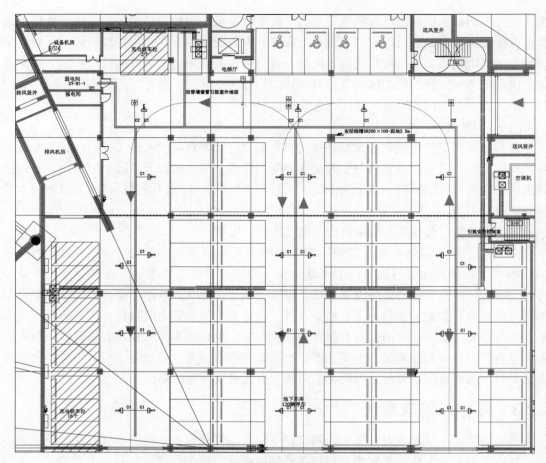

图 6-9　停车库管理系统平面图

（4）出入口岗亭

　　最基本的停车场管理系统是只设置出入口岗亭，具体设置位置需要同建筑专业核实如何规划车辆行驶路线，确定岗亭设置位置。图 6-10 和图 6-11 中体现的是现在最常使用的车辆入口由摄像机自动识别车牌，出口处有岗亭人员收费管理，若已通过软件系统缴费，则摄像头识别车牌后自动抬杆，允许车辆通过。图 6-10 和图 6-11 中已包含出入口岗亭的末端即内部设备连线，可作为整体参考设计。

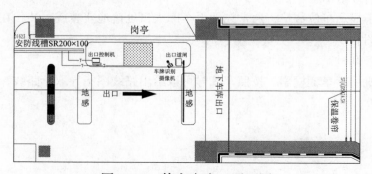

图 6-10　停车库出口平面图

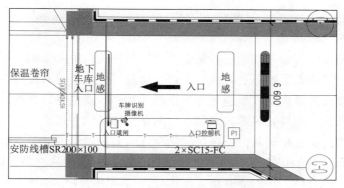

图 6-11　停车库入口平面图

6.2.4　入侵报警系统（含周界防护系统）

　　入侵报警系统是利用传感器技术和电子信息技术探测并指示非法进入或试图非法进入设防区域的行为，处理报警信息，发出报警信息的电子系统。入侵报警系统采用总线制系统形式，根据要求不同，分为多种末端探测设备，大部分应用在银行、博物馆等特殊建筑内，由具有特殊安防资质的专业公司完成。智能化设计的入侵报警末端包括用于室内的被动红外探测器、紧急报警设备、被动玻璃破碎探测器和用于室外的主动红外探测器两类。室外的主动红外探测器在本书"6.5　室外安防设计图"中讲解。室内的被动红外探测器主要用于分时段管理的主要出入口（营业时间关闭，非营业时间开启）和不经常有人通过的非主要出入口（全天开启），在距被保护门约 1.5m，高 2.2m 处壁装或吊装。紧急报警设备和被动玻璃破碎探测器用于财务室，根据工位设置紧急脚跳开关和紧急按钮开关，根据房间设置被动玻璃破碎探测器，见图 6-8 和图 6-12。

　　周界防护系统属于入侵报警系统，在没有入侵报警系统时，可单独列为周界防护系统。具体参见本书"6.5　室外安防设计图"。

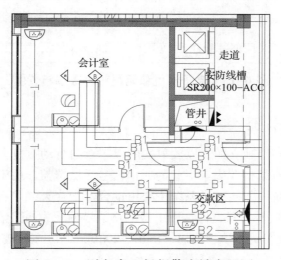

图 6-12　财务室入侵报警末端布置图

6.2.5 电子巡更系统

电子巡更系统是管理者考察巡更者是否在指定时间按巡更路线到达指定地点的一种手段。巡更系统帮助管理者了解巡更人员的表现，而且巡更人员可通过软件随时更改巡更路线，以配合不同场合的需要。电子巡更分为在线式和离线式两种，在线式每个末端点位由总线制串联形成系统，离线式只需将末端点位粘贴至预设位置墙面，不需布线。在线式多用于金融、银行等特殊安防场所，一般智能化设计均采用离线式电子巡更系统。

通过对于整栋建筑的保安巡更路线进行规划，在巡更路线的必经之处设置末端点位。为保证巡更人员巡更到位，所以通常将末端点位设置在走道上，而不是楼梯间内，以保证巡更人员确实沿规划路线巡更到位，见图 6–13。

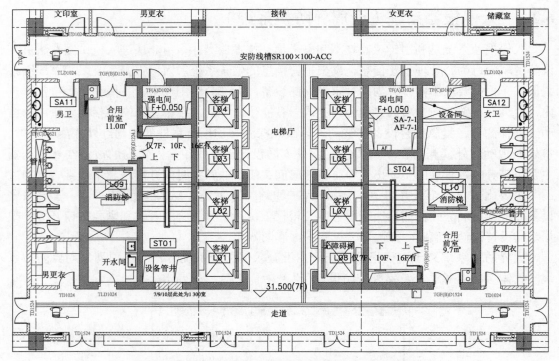

图 6–13　电子巡更和无线对讲末端布置图

6.2.6 无线对讲系统

无线对讲系统是一个独立的，以放射式的双频双向自动重复方式的通信系统。解决因使用通信范围或建筑结构等因素引起的通信信号无法覆盖，便于保安、物业等运营管理人员及时联络的系统。无线对讲系统主要由耦合器配合天线和主机房两部分组成，见图 6–13。耦合器作为信号分路器件，用于将一路信号分配为两路信号，以供接入更多的天线，其按需求功率可分为 6dB、10dB、15dB、20dB、30dB 多种规格。

（1）天线覆盖范围

天线按类型可分为室内全向平板天线、室内全向天线、室外定向平板天线、室外全向玻璃钢天线四种。智能化设计主要负责室内，多采用室内全向天线，室外由通信运营商完成。

天线覆盖范围计算方法见下列公式：

$$P–M–L < –80\text{dB} \tag{6-3}$$

$$L=32.4+20\lg F+20\lg D \tag{6-4}$$

式中：P——天线信号输出强度（dB），通常取 10dB；

　　　M——障碍物穿透损耗，详见表 6-2 和表 6-3；

　　　L——空间损耗（dB）；

　　　F——信号频率（MHz），取 400MHz；

　　　D——传输距离（km）。

表 6-2　结构影响信号衰减损耗

墙体类型	混凝土墙	砖墙	玻璃	混凝土楼板（80mm）	天花板、管道
穿透损耗 /dB	12 ~ 15	5 ~ 12	5 ~ 10	10 ~ 13	8

表 6-3　建材影响信号衰减损耗

墙体类型	混凝土墙	砖墙	玻璃	混凝土楼板（80mm）	天花板、管道
穿透损耗 /dB	12 ~ 15	5 ~ 12	5 ~ 10	10 ~ 13	8

天线覆盖范围内，通过计算信号衰减度来判定天线的覆盖范围，求得 D 传输距离。但受建材和结构因素影响，很难准确计算。工程中，设计图纸仅保证所有弱电间设置耦合器，并在弱电间外通道上设置天线即可。施工阶段则采用边施工边调试的做法，依据现场安装天线后信号测试结果在信号不达标区域增设天线。

当天线信号衰减较多时可采用信号中继器放大信号，其原理同有线电视系统。但其必须与主机房的信号源一对一连接，不可采用串接方式。

（2）主机房

主机房主要由信道机、定向耦合合路组件、接收机多路耦合器、双工器组成。信道机作为无线对讲系统的核心，其提供通信对讲终端用户语音或数据信息的交换，将在接收频率上接收到的一方信号经过频率转换处理后在发射频率上发送给通信的另一方。耦合组件用作信源和分布系统的桥梁，合路平台用作对不同制式和频率的系统信号进行合路，两者同时对上行信号进行分路，尽可能抑制各频带间的干扰。定向耦合合路组件作为多信道机信源下行合路设备，常用规格为 2 路、4 路、6 路、8 路信道机合路。接收机多路耦合器作为多信道机信源上行分路设备，常用规格为 2 路、4 路、6 路、8 路信道机合路。双工器是基于信源的上下行信号进行合路，实现通过单点对外输出。下行信号是从信源发射出，并经过中间路由到达无线对讲终端用于接收的射频信号，上行信号是从无线对讲终端发射出，并经过中间路由到达信源用于接收的射频信号。信源接收终端信号（上行信号）与转发信号（下行信号）采用不同频率，避免产生干扰，一般频段为 400 ~ 430MHz，两者信号频率差为 10MHz。另外，系统的传输采用波纹管同轴电缆。

6.2.7　无障碍系统

建筑应注重无障碍设施的建设，公共建筑都设有无障碍卫生间，其内需要设计残疾人报警系统。该系统是通过残疾人需要求助时，按下报警按钮，信号反馈至安装于吊顶内的控制器，控制器控制声光警报器动作。当危机解决后，按下复位按钮，声光警报器停止报警。

系统末端设备包括控制器、呼叫按钮、复位按钮、声光报警器四部分。末端设备均设置在卫生间处，以控制器为核心，上连安防控制室内设置的主机，下连呼叫按钮、复位按钮、声光报警器。因建筑内无障碍卫生间通常数量较少，所以主机与控制器之间采用多线制 RVV4×1.0 线缆连接。控制器至求助按钮采用 RVV2×1.0 线缆，控制器至复位按钮采用 RVV2×1.0 线缆，控制器至声光警报器采用 RVV4×1.0 线缆，见图 6-14。

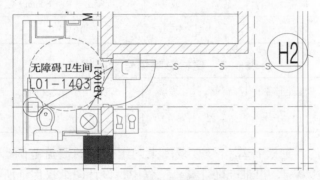

图 6-14　无障碍系统平面图

6.2.8　可视对讲系统

可视对讲系统是建筑中实现访客、业主和物业管理中心相互通话、进行信息交流并实现对园区安全出入通道控制的管理系统，多用于住宅建筑中。

系统末端设备包括室内分机、单元口主机、围墙机、报警按钮、出门按钮、电磁锁、门铃。另外，很多可视对讲系统厂家进行产品拓展，还可联动控制住户内的智能家居。在住户的户门内侧设置室内分机、报警按钮，门外设置门铃。在单元门的门口外侧设置单元口主机，门框上方设置电磁锁，门内设置出门按钮。园区围墙上的设置方式与单元门口相同，外侧设围墙机，门框上方设置电磁锁，内侧设置出门按钮，见图 6-15。其中楼梯间通向室外的门作为次要出入口设置普通门禁即可，不需要另设对讲系统。

报警按钮是针对住宅建筑，通过按下按钮向物业保安室报警，多设置在进门处附近。

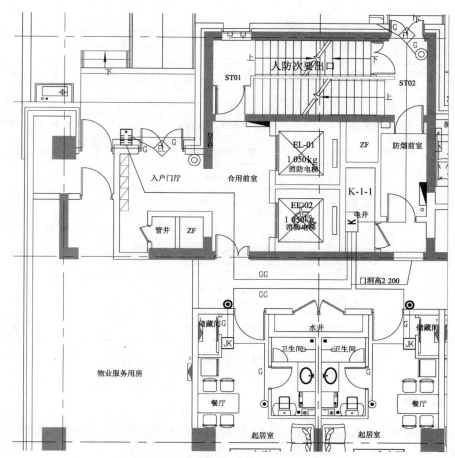

图 6-15　可视对讲系统平面图

6.3　连线

连线是指末端设备布置好后，通过管线连接及标注，完成平面图设计。前面讲述了末端布置，下面将就线型、弱电间设备、线管、线管结合线槽四部分完整讲述平面图的画法。线管与线管结合线槽是平面图设计中连线的两种方式。另外，智能化的线管优先采用吊顶内明敷或沿顶板明敷方式，若墙体为结构墙或无吊顶区有美观要求时，才需要采用暗敷方式。

安防系统内各个系统可以共用一根线槽，通常命名为安防线槽，规格由其内部所敷设的线型及数量确定。

6.3.1　线型

根据安防各系统内线型的不同，通过代号方式，表达各条线路的选型，包括线支型号、数量、截面、对应的敷设管路等内容。图 6-16 线型图例中各线型按系统划分，并依据系统含义由对应的系统形式及末端设备决定。

图形符号	线路名称	规格型号及安装说明	
J1	视频监控管线（数字式）	UTP6–JDG25	WC/ACC/FC
J2	视频监控管线（数字式）	(UTP6+BVV3×1.5) –2×JDG25	WC/ACC/FC
M	门禁线缆	(RVVP6×1.0) / (RVV4×1.0) / (RVV2×1.0) –JDG25	WC/ACC/FC
B1	探测器报警线	RVV4×1.0–JDG25	WC/ACC/FC
B2	按钮报警线	RVV2×1.0–JDG25	WC/ACC/FC
S	声光报警器线	RVVP4×1.0–JDG25	WC/ACC/FC
D	无线对讲线缆	1/2同轴射频电缆–JDG32	WC/ACC/FC
C1	车库引导视频管线	(UTP6+RVV2×1.0) –2×JDG25	WC/ACC/FC
C2	车库引导总线管线	(RVSP2×1.0+RVV3×1.5) –2×JDG25	WC/ACC/FC
GG	可视对讲数据管线	1×UTP6–JDG25	WC/ACC/FC
G	可视对讲支路管线	RVV2×1.0–JDG25	WC/ACC/FC

图 6–16　线型图例

6.3.2　弱电间

弱电间作为放置各系统接入层设备和干线路由贯通的机房，上连安防控制室主机，下连各末端设备。

在平面图中，可以仅示意包含的系统接入层机柜或机箱，具体的布置详图可设计在机房工程内。故对应安防各系统的系统图可知，弱电间内主要包含安防机柜（AF）、入侵报警楼层箱（SA）两部分，详见图 6–17。

弱电间布置原则：按防护分区设置；防护分区内，弱电间接入层设备至末端设备线路长度不超过 90m；优先考虑上下层见贯通，以保证干线路由可引致安防控制室。

6.3.3　线管

当末端点位很少的情况下，可采用直接铺管的方式完成末端至弱电间机柜的连接，并注明线路的线型，见图 6–17。这种画法应保证每条管线以最近的距离、清晰地连接到机柜。但需通过公共区域连接，不可脱离实际，如管路不能穿越电梯井道等。

6.3.4　线管结合线槽

在末端点位较多的情况下，可采用从弱电间引出线槽，并沿公共区域敷设。末端设备通过线管就近接入线槽的方式，完成末端至弱电间机柜的连接，并注明线路的线型，见图 6–18。相比于所有管线单独铺设的方式，优势在于整洁，便于施工、检修、改造。

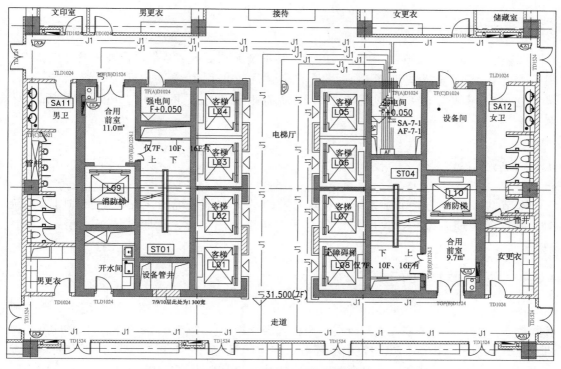

图 6-17　线管画法平面图

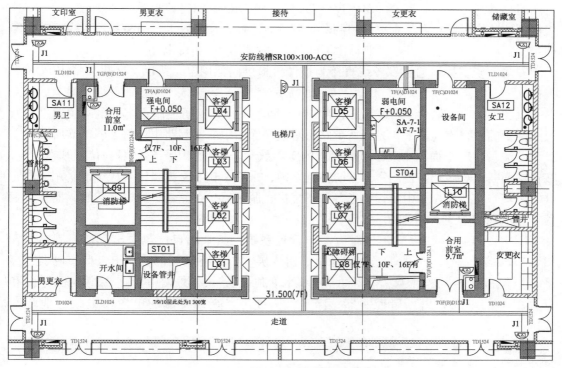

图 6-18　线管结合线槽画法平面图

6.3.5　示例

视频监控系统见图 6-17 和图 6-18。门禁系统见图 6-8。停车库管理系统见图 6-9 ~ 图 6-11。入侵报警系统见图 6-12。电子巡更系统采用离线式，只需布置末端设备，不需连线。无线对讲系统见图 6-13。无障碍报警系统见图 6-14。可视对讲系统见图 6-15。

6.4　系统图

本节共涉及安防七个子系统，对其分类归纳为四张系统图，视频监控和门禁系统图、停车库管理系统图、入侵报警和电子巡更系统图（含无障碍系统）、无线对讲系统图。

6.4.1　视频监控和门禁系统图

视频监控和门禁系统都采用综合布线架构，故合并设计。视频监控系统中，摄像机按数据点考虑，采用一根六类双绞线连至接入层交换机。不带云台摄像机，如半球型摄像机、枪式摄像机，内部变焦调整用电等取自弱电间机柜内的 POE 交换机，不需要单独配置电源线。带云台摄像机，如彩色带云台一体化球机，在内部变焦调整用电等取自弱电间机柜内的 POE 交换机的同时，还需要通过 UPS 系统的楼层配电箱取 220V 电源为云台供电。门禁系统中，控制器分为单门控制器、二门控制器、四门控制器三种规格，无论哪种规格都按单个数据点考虑，单门控制器对应一对电控锁和门磁，二门控制器对应两对，四门控制器对应四对。另外，控制器由 UPS 系统的楼层配电箱供电。

安防系统交换机通过双绞线直接为摄像机提供内部用电，所以交换机需采用 POE 交换机。

以图 6-19 为例，系统图按照建筑实际空间关系排布安防控制室与弱电间位置，并通过线槽中的光纤连通起来，光纤所走路由对应平面图中的实际路由。每个弱电间所接末端类型及数量对应平面图中此区域所接入的实际数量。该建筑内弱电间竖向位置基本对应，在首层横向汇总至安防控制室。安防控制室内，采用单核心交换机，对应干线采用 6 芯光纤。以核心交换机作为中心，连通各系统主机、服务器、存储器，通过高清解码器将视频信号显示到 LED 显示屏墙面。

图中"AF-B1-C1"机柜号对应停车管理系统，其末端点位包含出入口控制器（含出入口末端设备）、岗亭、车位摄像机、引导屏、查询终端五部分。出入口控制器、岗亭、车位摄像机均按照数据点计算，另外单独设置一处网关用于连入串接引导屏和查询终端的总线。出入口控制器、岗亭、引导屏、查询终端的电源由电气专业配套提供。

交换机及线路等计算见本书"5.1　综合布线系统"，弱电间、安防控制室内具体设备见本书"8　设备清单"。

6.4.2 停车库管理系统图

车位引导已经计入视频监控系统，但还需展开表达车辆出入口处的系统图。车辆入口处以入口控制器作为核心，看作一个整体。车辆出口处以岗亭配合出口控制器作为核心，看作一个整体。当双向车道在同一口部作为一进一出时，可将两部分合用。

以图 6-20 为例，地面感应线圈用以判断车辆是否通过，进而确定拦路杆的抬起和降落，并通过五柱一体化高清摄像机配合补光灯扫描车辆牌照收费，LED 显示屏显示计费时间及金额。这些设备都接入控制器，控制器通过网线接入交换机，传输数据。岗亭通过交换机可以查看系统内的数据用以完成人工收费和操控。各设备间的线路设计可参见图中画法。

6.4.3 入侵报警和电子巡更系统图

入侵报警系统相对独立，应采用总线制架构，不采用综合布线架构，所以需要单独设计。图 6-21 将同样不采用综合布线架构的电子巡更系统和无障碍系统一同绘制。

（1）入侵报警系统

入侵报警系统采用总线制，单独成为一套系统。在弱电间设置楼层报警箱，后端采用多线制接入末端报警设备，每个探测或报警设备采用"RVV-2×1.0"线路连接，双监探测器是两个探测种类，采用"RVV-2×1.0"线路连接，完成信号传输。前端采用总线制与安防控制室主机连接，并从弱电间内的 UPS 系统配电箱获取电源，安防控制室内设有通信接口、主机等设备。

（2）电子巡更系统

电子巡更系统采用离线式，不需要绘制系统图，仅借助入侵报警系统图的楼层空间关系，表达各处巡更点的数量，以便统计计算。另外，需在安防控制室表达出管理主机、打印机、巡更系统通信器。安保人员通过巡更棒到达每个巡更点进行打卡记录，再回到安防控制室，借助巡更棒将信息通过通信器录入系统主机，需要时打印相关记录及巡更路线等文档。

（3）无障碍系统

残疾人卫生间数量通常不多，故末端点位数量较少，通常主机为一对多个末端控制器，卫生间处以控制器为核心。借助入侵报警系统图的楼层空间关系，表达末端位置。

6.4.4 无线对讲系统图

无线对讲系统作为通信系统，主机设置在安防控制室内，由双工器、合路器、信道机组成。按建筑空间关系，采用 1/2 同轴射频电缆作为通信线路，接至每个弱电间内的耦合器处，再接至公共区域顶部的天线，向外发射通信频段。安保人员手持对讲机调至对应频段即可完成通信，见图 6-22。

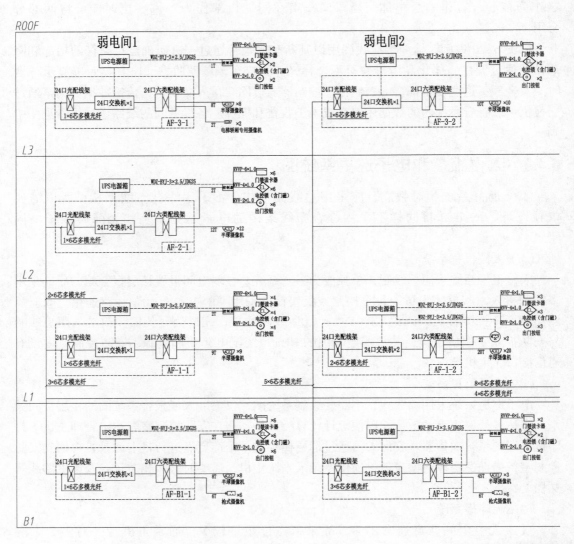

图 6-19 视频监控

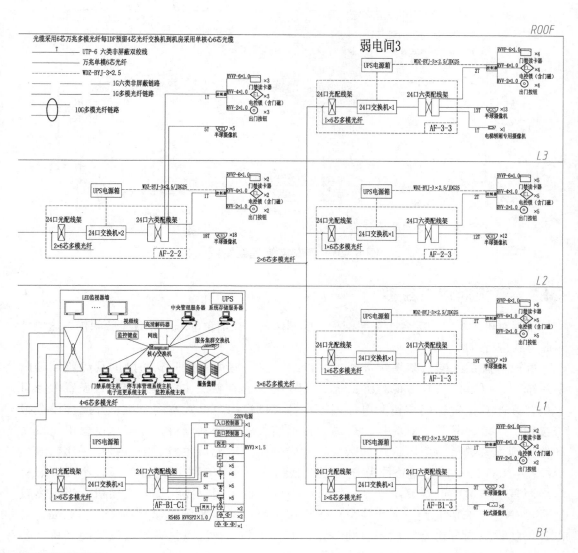

和门禁系统图

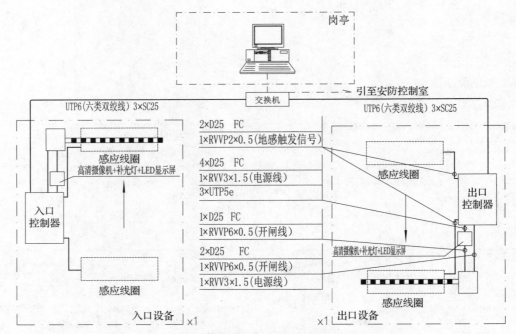

图 6-20　停车库管理系统图

6.4.5　可视对讲系统图

可视对讲系统分为综合布线架构和总线制两种，目前全部采用综合布线架构，这里针对此方式进行讲解。

可视对讲系统同门禁系统类似，可以纳入安防网中。按照安防网的视频监控和门禁系统图，可单独绘制可视对讲系统，见图6-23。在首层主要单元门口处设置单元口主机，并配套设置出门按钮和电控锁。在各层住户门口设置室内分机，并配套设置报警按钮、门铃，其数量对应住户数量。在围墙大门设置围墙机，并配套设置出门按钮和电控锁，其数量对应园区大门数量。室内分机、单元口主机、围墙机均采用超5类双绞线（UTP5e）以上规格线路连接至交换机中，本实例中因园区规模较小，围墙机埋地至首层弱电间的线路小于90m，所以围墙机可采用双绞线接入交换机，当距离较远时可在室外单独设置一个交换机用于连接围墙机。本实例的建筑高度仅为65m，所以各层住户室内分机至首层弱电间线路长度小于90m，可以只在首层设置交换机，各层室内分机直接向首层引双绞线，如图6-23所示，还可采用每隔2~3层设置一个交换机的方式。另外，每台室内分机、单元口主机、围墙机均需UPS电源箱单独提供电源，若通过POE交换机供电则需使用对讲系统厂家提供的专用交换机。

交换机及线路计算等，可参看本书"5.1　综合布线系统"。

6.5　室外安防设计图

智能化的室外设计以安防系统为主，具体包括室外视频监控系统和周界防护系统。另外，土建、电气专业多不考虑室外广播设计，故智能化设计需考虑室外广播设置，并在设计图中体现。室外视频监控系统旨在监视整栋建筑的外立面，尤其是各个出入口，以达到对用地红线内的视角全覆盖。周界防护系统是有实体围墙时，在墙上方设置防止或监视人员翻越围墙，以保证园区安全的系统。

图 6-24 为某一办公楼的室外总平面图。该办公楼地上部分为正方形，地下部分外轮廓稍大于地上。沿南侧设有出入口，车辆沿车道行驶，建筑北侧设有进出地下室停车库的出入口。图中沿地块外圈设置铁栅栏围墙，南侧正门设置大门。

6.5.1　平面图

室外平面图，是以建筑总平面图为底图进行整个地块红线内相关设计的图纸。末端设备布置在建筑外，末端设备线路路由采用电气专业预留好的穿墙套管引致室内，智能化设计需完成室外管井的设计。以图 6-24（见书后插页）为例，电气专业已在地下一层的弱电进线间预留穿墙套管至室外地面人孔井中，智能化需沿此井继续设计管井至每个末端设备处。

（1）室外视频监控系统

室外摄像机的设置：以外立面及出入口的视野全覆盖为要求，需沿地块红线设置 3.5m 高的立杆，将摄像机安装在立杆上，每个立杆安装 1~3 个带室外防护罩的彩色一体化球机，摄像机及立杆数量以保证视野覆盖为准；在主入口设置 6m 高立杆，并设置带室外防护罩的彩色带云台一体化球机，用以对主入口附近路面情况进行巡视。

室外井的设置：每个立杆处设置；管路超过 100m 或转弯处设置；人孔井可以进人，手孔井无法进人，室外管路末端可采用手孔井。

室外管路设置：将室外井连通，并依据需要穿过的线型确定采用的管路数量，同时考虑一定的备用管路；末端摄像机采用六类双绞线仅能传输 90m，所以每 90m 线路长度内设置一处室外汇聚箱，用以放置交换机等设备。

汇聚箱后部采用六类双绞线连接附近立杆的摄像机，前部采用光纤直接敷设至建筑内安防控制室，设计纳入视频监控系统。

（2）室外广播系统

借助视频监控系统设置的立杆，设置室外防水音柱，每个末端可以保证 30m 半径音箱面对面的传播声音，所以每个杆塔背对背设置两个末端，保证整个园区声音全覆盖。采用音频线 "RVV-2×4mm²" 串联各末端音箱。

（3）周界防护系统

有实体围墙的场地才需设置该系统，纳入入侵报警系统。在墙顶部安装主动红外发射器和接收器。发射器发射红外光，接收器接收，当有人员翻越围墙阻挡光束传播时，则主机报警。发射器与接收器成对出现，且光束传输距离通常取 30m，所以沿围墙每设一个发射器就在 30m 远处对应设置一个接收器，并无缝隙设置下一组。另外，在转角处因角度改变，需增设一组。最终，形成闭环，起到防护作用。发射器只连接电源线 BVV-2×1.0mm²，为发射红外光束提供电源，接收器需连接信号线 RVVP-2×0.5mm² 和电源线 BVV-2×1.0mm²，将是否收到光束的信号反馈至系统主机。

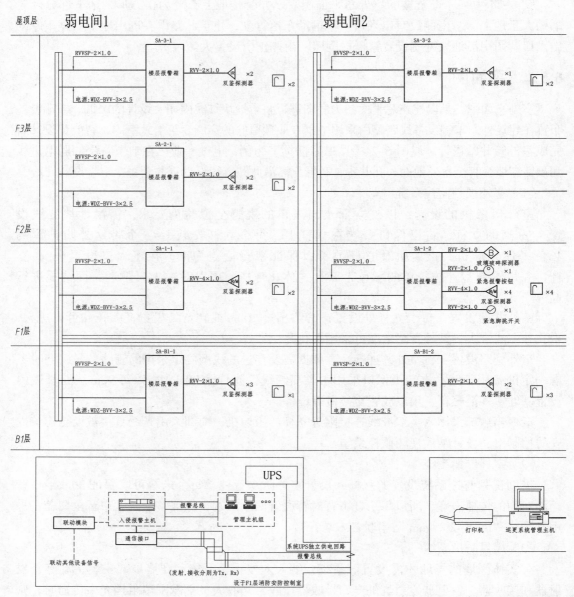

图 6-21　入侵报警和

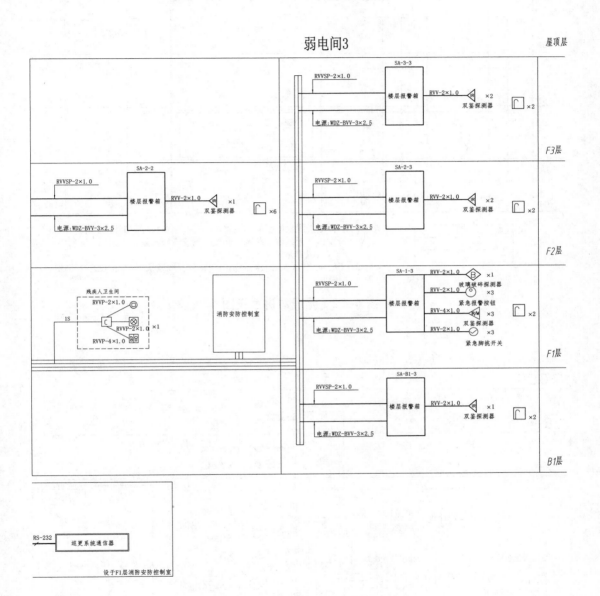

电子巡更系统图

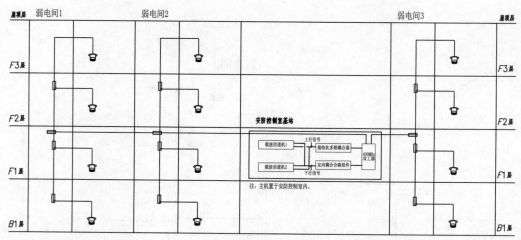

图例:
- 全向天线
- 耦合器或功分器
- 1/2同轴射频电缆

说明: 1. 各楼层天线根据平面图设置。弱电承包商投标时需根据实际设备
选型核算天线覆盖范围,必要时增加天线数量,以达到全面覆盖
所有区域(无盲区)的目的。
2. 干线采用7/8"50Ω皱纹同轴电缆,分支线缆采用1/2"50Ω皱纹同轴
电缆。

图6-22　无线对讲系统图

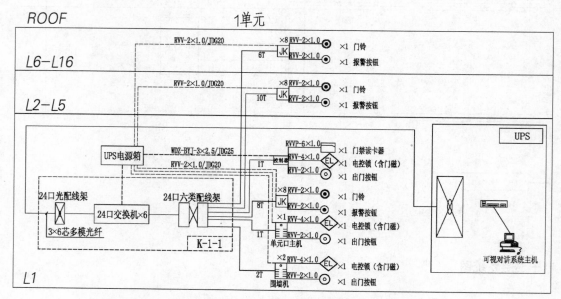

图6-23　可视对讲系统图

6.5.2　系统图

　　室外视频监控系统同室内视频监控系统形式相同，区别仅在于 19" 标准柜变成室外汇聚箱，见图 6-25。另外，交换机及摄像机的云台电源取自设在弱电进线间内的 UPS 系统配电箱。周界防护系统同室内的入侵报警系统相同，区别仅在于末端探测器是用于室外围墙的，见图 6-26。

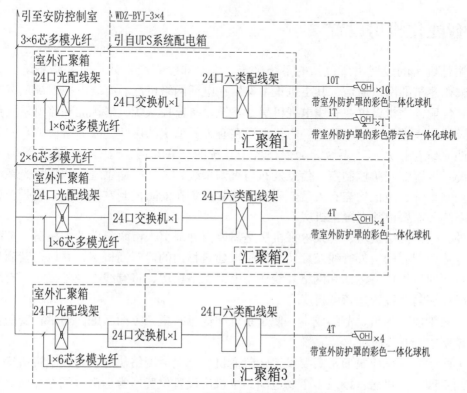

图 6-25　室外视频监控系统图

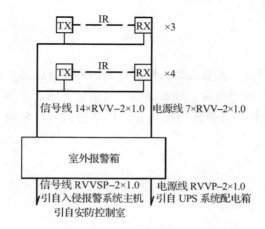

图 6-26　周界防护系统图

第 7 章 详　图

智能化详图主要指机房工程设计图。

7.1　智能化机房设置

智能化机房的设置由所包括的系统确定。综合布线系统、计算机网络系统、电话系统承担整栋建筑的网络通信，其主机集中设置在电话网络机房。有线电视系统负责有线电视的信号传输，主机设置在有线电视机房。建筑设备监控系统、建筑能耗监测系统负责设备监控及能耗表计的统计与分析，主机需设在有人员值班的房间，故通常设置在安防控制室。安防系统包括众多子系统，为保证各子系统的互联互通，且需设在有人员值班的房间，故统一设置在安防控制室。信息发布与查询系统、公共广播系统、智能灯光系统、客房集中控制系统、主机均需有人员值班，故通常设置在安防控制室。会议系统是会议室内的独立系统不需要单独设置主机房。

另外，电话网络机房、有线电视机房是需要由外部引入市政条件的主机房。市政条件沿电气专业预留好的室外管线及穿墙套管引入建筑物内的运营商机房，并以运营商机房作为分界点，通过线槽将电话和网络外线送至电话网络机房，将有线电视外线送至有线电视机房。所以还需要设置运营商机房。

鉴于减少值班人员、节约成本、便于系统间信息共享三方面考虑，通常将安防控制室与消防控制室合并设置。

综上所述，一栋建筑通常需要设置运营商机房、电话网络机房、有线电视机房、消防安防控制室四个主机房，以及多个弱电间。主机房设置位置通常已由电气专业做好相关预留工作，其设置要求以标准、规范为准。

7.2　运营商机房

运营商机房是电信运营商安装设备的机房，其内部设备由运营商考虑，智能化设计仅需完成防静电地板布置、吊顶布置、墙面做法、防雷接地网、照明平面、配电平面，共六部分设计，见图 7-1。具体设计方法将在本书"7.3　电话网络机房"中讲解。

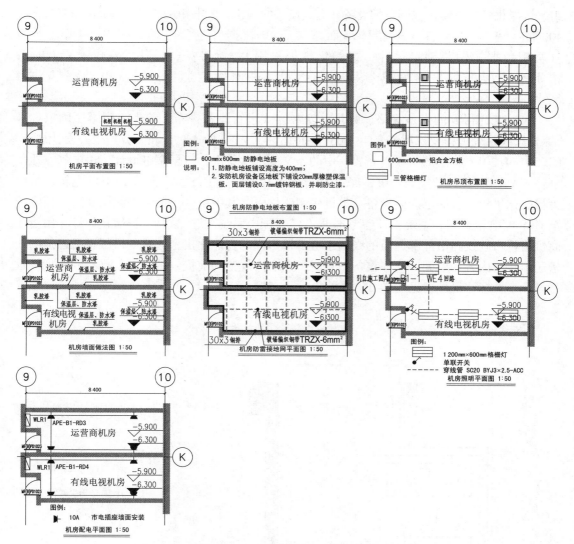

图 7-1 有线电视及运营商机房详图

7.3 电话网络机房

电话网络机房共需要完成机房平面布置图、防静电地板布置图、吊顶布置图、环境监控平面图、墙面做法图、防雷接地网平面图、照明平面图、强弱电线槽平面图、配电平面图、上下水施工图。

7.3.1 机房平面布置图

机房平面布置图是按照设备规格、数量、安装方式，依据标准、规范的布置要求，反映机房内所有设备排布情况的图纸。

机房内共包括电气专业配电箱、DLP 配电箱、UCP 配电箱、UPS 分电柜、UPS 电池组、智能化机柜、精密空调七类设备。七类设备的规格：配电箱尺寸多为 600mm×900mm×400mm（宽×高×深）的箱体墙面壁装；UPS 根据容量，通过 19DX101-1《建筑电气常用数据》图集确定尺寸；智能化机柜采用 19″标准柜，尺寸为 600mm×600mm；精密空调根据机房内发热量得出制冷量，进而确定选型，明确电功率和外形尺寸。

根据统计得到的设备规格、数量、安装方式进行设备排布。首先，应遵照国家标准《综合布线系统工程设计规范》GB 50311–2016 中"7.3 设备间"和《数据中心设计规范》GB 50174–2017 中"4.3 设备布置"中的条文要求。其次，依据配电设计，由电气专业配电箱"APE-3-RD1"获得供电，经过 DLP 配电箱后，接 UPS，再接入 UCP 配电箱，最终为智能化机柜、各弱电间内设备、本机房照明供电，其中精密空调和房间墙面普通插座接至 DLP 配电箱后端，系统设计参考本书"7.7 配电系统图"。最终，智能化设计，由运营商机房将市政线路沿外部通道的线槽送至本机房内的智能化机柜，再通过机柜沿通道的线槽送至建筑内各弱电间。故在设备布置时，以上述规范为前提，结合设备排布的合理性进行设计，并标注尺寸，见图 7-2。

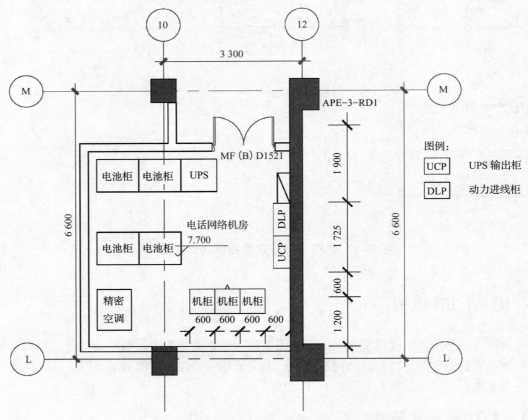

图 7-2 机房平面布置图

（1）UPS 选型

UPS 容量的计算详见本书"7.7 配电系统图"，再根据 19DX101-1《建筑电气常用数据》图集中"表 7.7　常用 UPS 尺寸""表 7.8　常用 UPS 配套电池及电池柜 / 架参考尺寸"确定具体规格。

（2）精密空调选型

主机房专用精密空调制冷量的计算：

1）UPS 电池组整机发热量（即所需制冷量）：

$$Q_1 = S_{UPS} \times k_1 \times (1-\eta) \times k_2 \qquad (7-1)$$

式中：Q_1——制冷量（W）；

　　　k_1——能量转换值，取 3 400；

　　　k_2——单位转换系数，取 0.293；

　　　η——UPS 整机效率，一般取 0.85；

　S_{UPS}——UPS 容量（kV·A）。

2）智能化机柜发热量（即所需制冷量）：

$$Q_2 = P_1 \times \cos\varphi \times k_3 \qquad (7-2)$$

式中：Q_2——制冷量（W）；

　　P_1——设备功耗（W），约为 3 000W/ 台；

　$\cos\varphi$——设备功率因数，取 0.8；

　　k_3——发热系数，一般为 0.7 ~ 0.95，这里取 0.85。

3）环境发热量（即所需制冷量）：

$$Q_3 = Q_r \times S \qquad (7-3)$$

式中：Q_3——制冷量（W）；

　　Q_r——每平方米的环境发热量，取 200；

　　S——机房面积（m²）。

以图 7-3 为例，该电话网络机房，面积为 23m²，内部设有 3 台机柜和 60kV·A 的 UPS。

UPS：$Q_1 = 60 \times 3\,400 \times (1-0.85) \times 0.293 = 8\,966$（W）

单台机柜：$Q_2' = 3\,000 \times 0.8 \times 0.7 = 1\,680$（W）

三台机柜：$Q_2 = 3 \times 1\,680 = 5\,040$（W）

环境：$Q_3 = 200 \times 23 = 4\,600$（W）

该电话网络机房所需总制冷量 $Q = 8\,966 + 5\,040 + 4\,600 = 18\,606$（W）$= 19$（kW）

从图 7-3 可知，12.4kW < 19kW < 22.6kW 制冷量的总冷量，应选择精密空调表格中第二行，其室内机电功率 = 压缩机功率（5.8kW）+ 通风机功率（2.2kW）+ 加湿器功率（2.1kW）+ 电加热器功率（2×6kW）=22.1kW，精密空调室外机电量通常为几百瓦，最终精密空调电功率按照 23kW，外形尺寸为 1 850mm×1 000mm×810mm（高 × 宽 × 厚）。

传统型STULZ Mini Space和Compact Dx系列

设备型号	制冷量/kW		压缩机			风机			加湿器		电加热器		室内机组尺寸	重量	室外冷凝器型号
	总冷量	显冷量	功率/kW	台数	能效比	风量/(m³·h⁻¹)	余压/Pa	功率/kW	量/(kg·h⁻¹)	功率/kW	级数	每级功率/kW	(高×宽×厚)/mm	/kg	
STULZ CCU/CCD-121A	12.4	11.0	3.2	1	3.80	3 200	70	0.55	3	2.1	2	2	1850×600×600	200	KSV-021-X-151-A
STULZ CCU/CCD-201A	22.6	20.9	5.8	1	3.80	7 000	70	2.2	3	2.1	2	6	1850×1 000×810	230	KSV-036-X-251-A
STULZ CSU/CSD-271A	27.3	27.3	5.3	1	5.10	8 300	160	1.9	8	5.6	2	9	1980×1 400×890	380	KSV-036-X-251-A
STULZ CSU/CSD-351A	35.0	33.2	7.2	1	4.80	10 000	160	3.3	8	5.6	2	9	1980×1 400×890	395	KSV-036-X-251-A
STULZ CSU/CSD-431A	45.0	45.0	9.2	1	4.80	12 800	160	3.7	8	5.6	2	9	1980×1 750×890	560	KSV-055-Y-351-A
STULZ CSU/CSD-442A	46.3	42.9	9.6	2	4.80	11 900	160	3.0	8	5.6	2	9	1980×1 750×890	550	KSV-036-X-251-A
STULZ CSU/CSD-521A	53.2	49.5	11.0	1	4.80	14 000	160	4.8	8	5.6	2	9	1980×1 750×890	580	KSV-055-Z-351-A
STULZ CSU/CSD-542A	54.5	51.3	11.2	2	4.80	14 500	160	5.3	8	5.6	2	9	1980×1 750×890	570	KSV-044-X-251-A
STULZ CSU/CSD-602A	63.3	59.3	12.8	2	4.90	17 300	160	6.9	8	5.6	2	9	1980×2 150×890	790	KSV-044-X-251-A
STULZ CSU/CSD-652A	69.6	61.2	14.4	2	4.80	18 000	160	7.8	8	5.6	2	9	1980×2 150×890	800	KSV-055-X-251-A
STULZ CSU/CSD-702A	72.0	65.1	14.4	2	5.00	18 500	160	4.3	15	10.5	2	9	1980×2 725×890	825	KSV-055-X-251-A
STULZ CSU/CSD-852A	87.3	76.7	18.4	2	4.70	21 000	160	6.2	15	10.5	2	9	1980×2 725×890	840	KSV-055-Y-351-A
STULZ CSU/CSD-1052A	104.3	88.7	22.0	2	4.70	24 000	160	9.2	15	10.5	2	9	1980×2 725×890	870	KSV-055-Z-351-A

图 7-3　精密空调选型表

注：本图摘录自国家标准图集 11BS6《通风与空调工程》。

7.3.2　机房防静电地板布置图

结合防雷接地和防静电的要求，在机房内布置静电地板，地板下方布置线路，地板上方布置设备。遵照国家标准《数据中心设计规范》GB 50174-2017 中"8.3　静电防护""8.4　防雷与接地"的条文要求。在机房内设置 600mm×600mm 规格的防静电地板，布置满整个房间，边角集中在房间的一侧。另外，精密空调通过地板下送风方式为机柜降温，所以在机柜、UPS 正面的静电地板方格设置出风口，形成一个冷空气由精密空调经地板下送风至箱柜后、将热能通过上方送回至精密空调的循环制冷系统，见图 7-4。

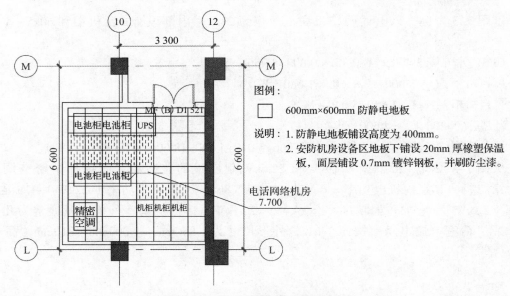

图 7-4　机房防静电地板布置图

7.3.3 机房吊顶布置图

机房吊顶通常采用铝合金方板，既美观又便于安装与维修。根据铝合金方板格来确定吊顶上所有设备的布置，因为该机房采用精密空调，所以没有空调风口，以灯具为主。采用的长条形荧光灯的标准尺寸为 1 200mm × 600mm，而铝合金方板为 600mm × 600mm，所以每个灯具正好占用两块方板格。设计在保证灯具均布的同时，应合理占用吊顶分格，见图 7-5。

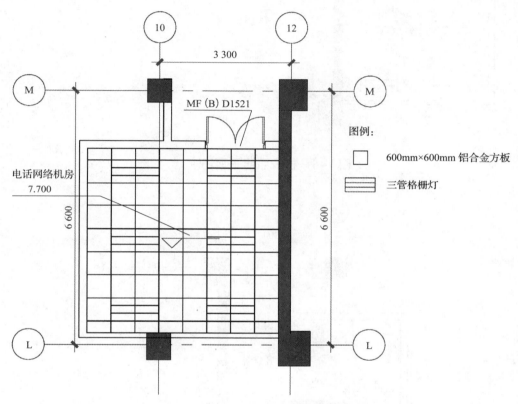

图 7-5 机房吊顶布置图

7.3.4 机房照明平面图

照明平面的设计，分为灯具选择、照度计算、连线、标注，内容较为繁杂，这里不再赘述。值得注意的是，照明灯具应避开机柜正上方，尽量布置在通道处，且为保证供电可靠性，照明回路接于 UCP 配电箱，见图 7-6。

7.3.5 机房墙面做法图

有了机房地板及吊顶的设计图，装修时还需要墙面做法图。机房的墙面主要采用乳胶漆作为粉刷涂料，并没有过多的装饰要求，见图 7-7。如果机房设置在地下室等潮湿场所时，还应设置保温层和防水层。

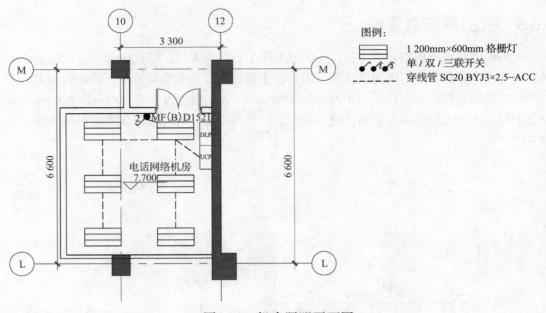

图 7-6 机房照明平面图

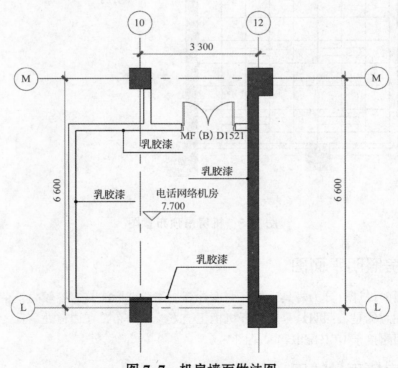

图 7-7 机房墙面做法图

7.3.6 机房防雷接地网平面图

遵照《数据中心设计规范》GB 50174-2017 中"8.3 静电防护"和"8.4 防雷与接

地"的条文要求，在机房地面布置 6mm² 镀锡编织铜带，按 1.2m 边长构成矩形网格，并沿机房周圈敷设 30×3 铜排，见图 7-8。等电位的设计思路可以参考图 7-9 等电位系统图理解。

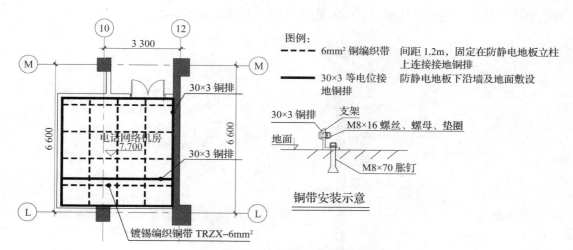

图 7-8　机房防雷接地网平面图

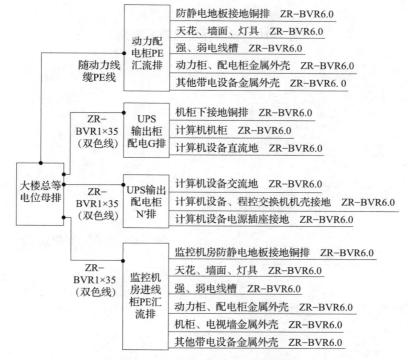

图 7-9　机房等电位系统图

7.3.7　机房环境监控平面图

环境监控图包括漏水监测、机房监控两方面功能。按照设备布置图中设备排布，设置传感器。具体分为在 UPS、配电箱处一对一装设电量仪；在智能化机柜处装设温湿度传感器；在精密空调处装设漏水控制器和漏水感应绳。这三组设备分别采用串接方式，接入位于静电地板内的模块采集箱中，汇总数据。最终将数据传输至有人值班的安防控制室内的环境监控主机，实现监管功能，平面图见图 7-10，系统图见图 7-11。

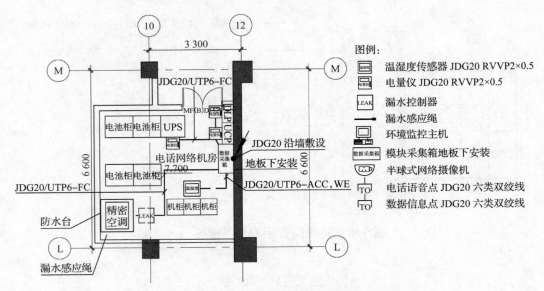

图 7-10　机房环境监控平面图

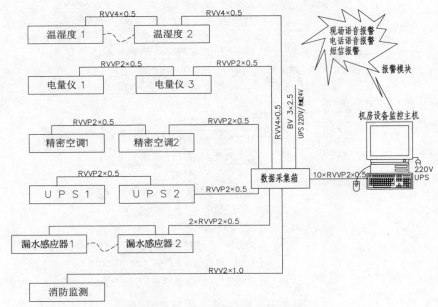

图 7-11　机房环境监控系统图

7.3.8　机房强弱电线槽平面图

　　线槽平面图是针对静电地板下方和智能化机柜上方两处位置的线槽走向进行设计。设计过程需结合机房平面布置图的配电和智能化设计完成。位于地板下方的是配电线槽，参看本书"7.7　配电系统图"，把所有需要配电的设备连通。位于机柜上方的弱电线槽用于敷设运营商机房至本机房和本机房至弱电间的进出线缆。线槽规格的计算由内部的强弱电线缆决定，见图 7-12。

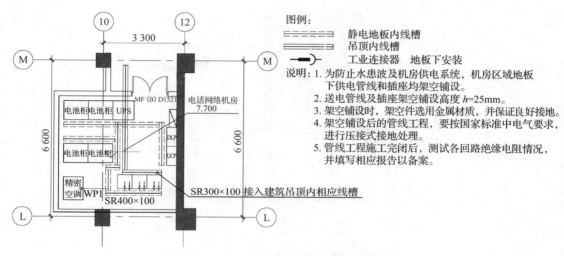

图 7-12　机房强弱电线槽平面图

7.3.9　机房配电平面图

　　将静电地板看作本房间的地面，在距地面 0.3m 的高度需要安装日常使用的墙面插座，因其为日常使用设备，所以可直接由 DLP 配电箱单独引出回路进行配电，见图 7-13。

7.3.10　机房上下水施工图

　　精密空调在制冷的同时会产生冷凝水，应配合设计防水台和地漏，在加湿时需要由房间外引入加湿水管。这些都需要与设备专业配合，确保上下水接入建筑主体内的给排水系统。另外，精密空调不仅在房间内设有室内机，还在室外设有室外机，且两者间通过管路连接，见图 7-14，其室外机位置需与建筑专业沟通确定。该机房位于顶层，上方就是屋顶，所以就近将室外机放置在该机房上方的屋顶处。

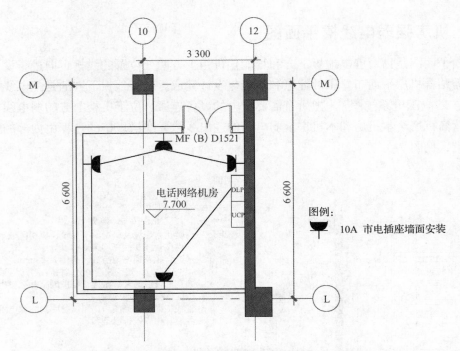

图 7-13 机房配电平面图

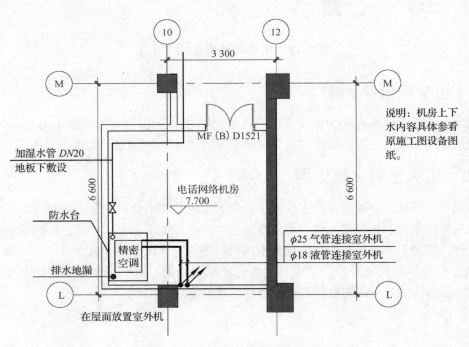

图 7-14 机房上下水施工图

7.4　有线电视机房

　　有线电视机房与电话网络机房相似，但机房等级较低，所以仅需要完成机房平面布置、防静电地板布置、吊顶布置、墙面做法、防雷接地网、照明平面、配电平面共七部分设计，见图 7–1。其设计方法已在本书"7.3　电话网络机房"中写明。不同的是，机房平面布置图中机柜的数量是根据主机包括的设备及机柜容量计算得到的，具体可以结合系统图及本书"第 8 章　设备清单"加以理解。通常有线电视机柜数量为 2 个；吊顶布置图中，因不需要设置精密空调，通风及制冷由土建设备专业完成，故需要考虑设备专业的风口位置；照明平面图中，照明回路可引自电气专业应急照明配电箱；配电平面图中，插座回路可引自电气专业设置的机房专用配电箱。

7.5　消防、安防控制室

　　因消防控制室与安防控制室有人员值守，通常合用，所以本书按照合用编写。消防安防控制室与电话网络机房相似，但机房等级较低，且长期有人员值守，所以不需要设置精密空调、环境监控系统、上下水配套，利用土建设备专业设置的通风及空调系统即可满足要求。该机房详图共需要完成机房平面布置图、防静电地板布置图、吊顶布置图、墙面做法图、防雷接地网平面图、照明平面图、强弱电线槽平面图、配电平面图。

7.5.1　机房平面布置图

　　作为消防与安防合用机房，除智能化设备外，还包括消防系统设备。通常消防与智能化需进行区域划分，将消防设备集中在机房内一侧，另一侧用于智能化设备排布。消防设备的排布通常由电气专业或消防公司提供，需结合其布置完成智能化设备布置。

　　机房内共包括电气专业配电箱、DLP 配电箱、UCP 配电箱、UPS 分电柜、UPS 电池组，设置于安防控制室内的信息能源系统机柜和安防系统机柜（包括安防系统、建筑设备监控系统、建筑能耗监测系统信息发布与查询系统、公共广播系统、智能灯光系统、客房集控系统）、消防系统、操作台、显示屏共九类设备。设备尺寸参看本书"7.3　电话网络机房"。显示屏通常采用 40″ 以上的拼接屏，每块屏幕同时最多可播放 16 个摄像头画面，具体设置屏幕数量可根据业主需要，针对重要通道及房间进行实时监控，计算得出需要的屏幕数量。当显示屏多于 4 块时建议采用屏幕后留有人员通道的落地安装显示屏墙方式，便于维护检修。操作台对应显示屏墙尺寸适当设置即可。

　　消防设备排布应按照《火灾自动报警系统设计规范》GB 50116–2013 中的"3.4　消防控制室"的条文要求，其内部包含的具体设备及相关排布可参考强电类设计相关书籍。

　　以图 7–15 为例，在左侧墙面集中壁装配电箱，并就近设置 UPS。同时将左侧区域划分为消防设备区，设置消防机柜并配操作台，在墙面壁装消防子系统主机。在下方利用较宽的墙面设置横向 3 块、竖向 3 块，共计 9 块显示屏的显示屏墙，并对应设置操作台。在右侧的操作台后方竖向排列智能化机柜。设备间按照规范与合理性进行排布。

有条件时，可以将电话网络机房与安防控制室贴临设置，将所有智能化机柜和UPS集中放置于电话网络机房，提高主机设备环境的洁净度，更便于集中管理。

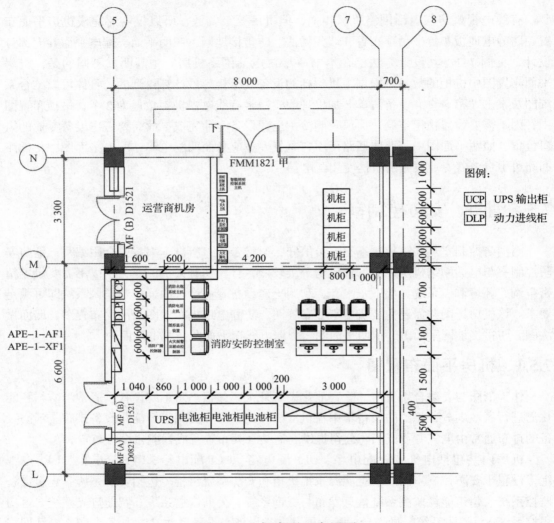

图 7-15　机房平面布置图

7.5.2　吊顶布置图、墙面做法图、防雷接地网平面图、照明平面图、强弱电线槽平面图

吊顶布置图、墙面做法图、防雷接地网平面图、照明平面图、强弱电线槽平面图的设计方法同电话网络机房，见图 7-16 ~图 7-21。

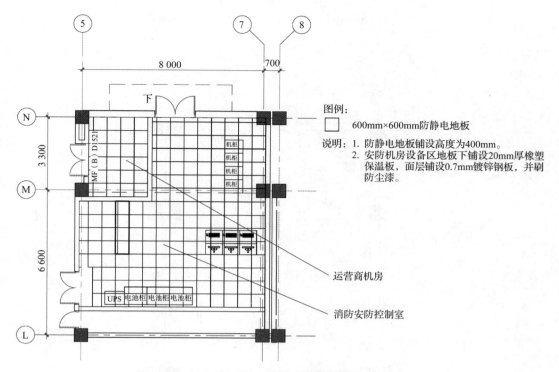

图 7-16 安防控制室防静电地板布置图

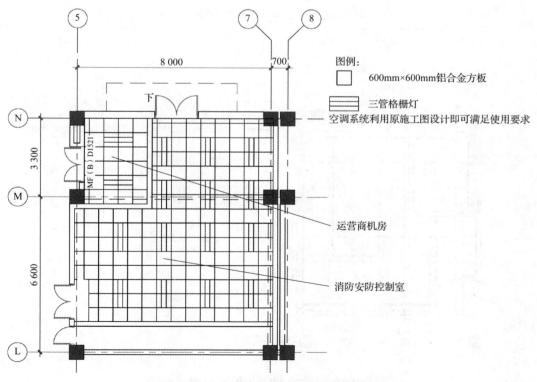

图 7-17 安防控制室吊顶布置图

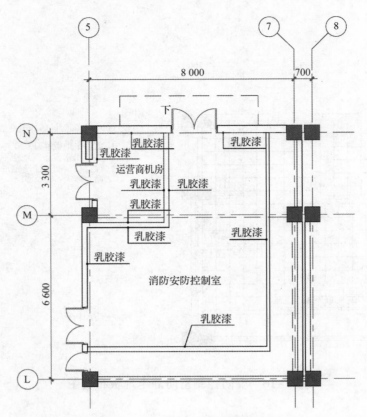

图 7-18 安防控制室墙面做法图

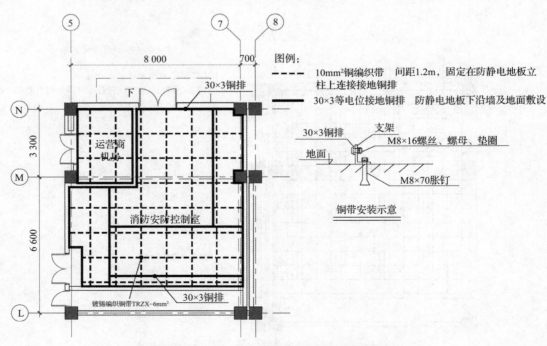

图 7-19 安防控制室防雷接地网平面图

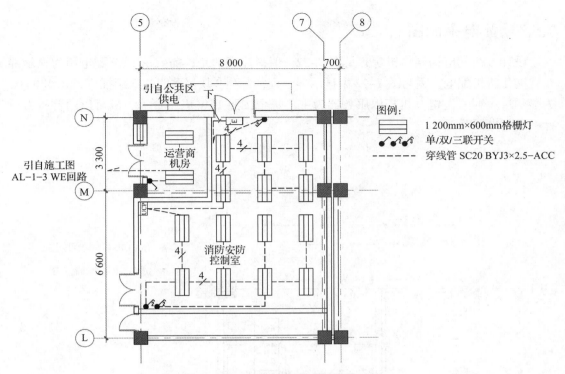

图 7-20　安防控制室照明平面图

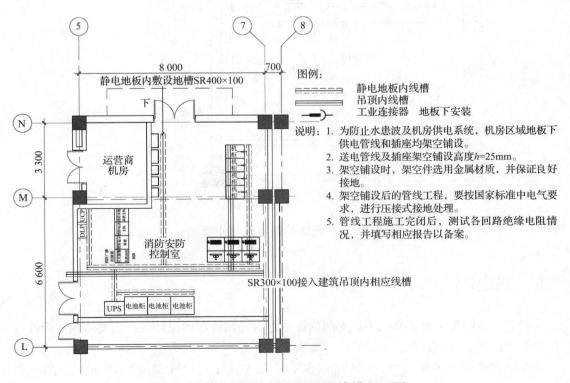

图 7-21　安防控制室强弱电线槽平面图

7.5.3 配电平面图

设计方法同电话网络机房，见图 7-22。值得注意的是，需要由 UCP 配电箱为显示屏及智能化机柜配电，因为图 7-22 中显示屏 3 列，每列 3 块屏幕，故 3 组插座，每组 3 个，为显示屏一对一配电。机柜以服务器为主，每个按照 1kW 电量计算，故可以两台机柜设计一条配电回路。

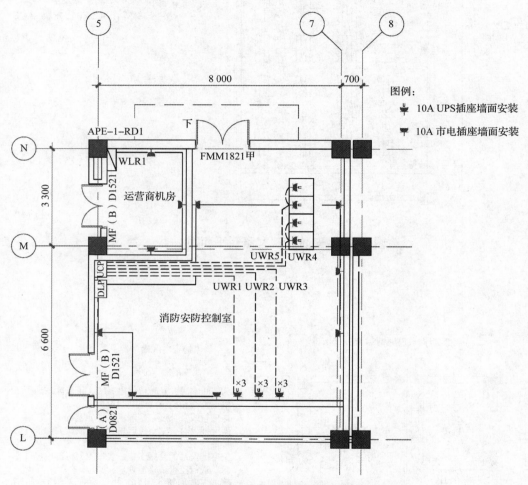

图 7-22　安防控制室配电平面图

7.6　弱电间

弱电间详图是针对平面图中弱电间内设备进行详细排布的设计图，主要体现在明确设备和设备排布要求两方面。

弱电间的具体要求参考国家标准《综合布线系统工程设计规范》GB 50311-2016 中"7.2　电信间"的条文。

弱电间内设备，其对应本书"第 5 章 信息能源设计图"和"第 6 章 安全防范设计图"讲述的各系统的系统图，针对工程所采用的系统确定具体设备。目前业界普遍采用的是综合布线架构为主体的设计理念，弱电间内设有综合布线 19" 标准机柜，组成有线网、无线网，涵盖综合布线系统、计算机网络系统、电话系统；安防 19" 标准机柜，组成安防网、运营网，涵盖视频监控系统、门禁系统、设备监控系统、能耗监测系统、信息发布与查询系统、公共广播系统、客房集控系统；分机，不采用综合布线架构的系统，大多采用总线制架构，部分需要在弱电间内设置分机，如有线电视系统、入侵报警系统。19" 标准机柜内，分层设置交换机、理线器、配线架等标准模块设备，同时其空间通常留有余量，用于放置一些系统内非标准设备；弱电线槽竖向路由留洞，若该弱电间作为系统干线通往其他楼层的竖向路由，需要敷设竖向线槽，并在地板或顶板处留洞。另外，还需要考虑消防设备的位置，需向电气专业或消防公司索要资料。

弱电间内设备排布要求，主要参考国家标准《综合布线系统工程设计规范》GB 50311-2016 中"7.7 设备安装设计"的条文（单排时 19" 机柜，预留柜前 1m 以上、柜后 0.8m 以上的检修空间；多排时 19" 机柜，预留机柜列间距 1.2m 以上的检修空间）。

以图 7-23 为例。弱电间内，左侧设置板洞，中间是智能化设备，右侧是消防设备。左下角设置弱电板洞，由系统确定需要的线槽数量及规格，线槽用 50mm 厚的连接件竖向固定在墙面，线槽间距 100mm，距洞边 100mm，所以图中采用 1 300mm × 250mm 的洞口。左上角设置消防系统板洞。中间放置的机柜需考虑柜前、柜后人员检修操作空间，及一侧人员通过空间。壁装箱体需考虑正面开门 800mm 以上的操作空间。

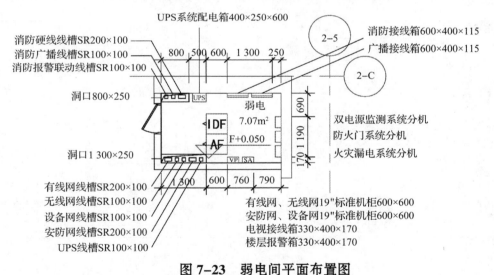

图 7-23 弱电间平面布置图

注：1. 图中机柜都是标准规格。

2. 图中未标注的单位都为 mm。

7.7 配电系统图

智能化系统，作为建筑中重要的信息与安全系统，其供电可靠性尤为重要。为达到最高可靠性要求，需采用集中 UPS 供电方式，在电话网络机房或者安防控制室设置为整栋建筑所有弱电间供电的 UPS 电池组，通过单独敷设在 UPS 线槽中的电缆将电力送至各个弱电间。而各弱电间内的用电设备以信息系统（综合布线系统）和安防系统的用电为主，所以在弱电间内设置楼层配电箱，将电力分配给各设备。同时，为后部连接的各末端设备供电。故配电系统图分为，建筑配电系统图和机房配电系统图两部分。

本节涉及的配电箱设计、计算、选型、电缆选型等属于电气专业知识，可参考强电设计相关书籍加以理解。

7.7.1　建筑配电系统图

以图 7-24 为例。该建筑为小型剧院，共设有 7 个弱电间，在空间关系上分为了竖向 3 处，考虑节省电缆敷设长度，故分为 3 条回路为这 3 列弱电间配电箱配电。根据每个弱电间机柜内交换机（0.5kW/ 每台）数量进行电量计算，每个弱电间配电箱约为 3kW，3 条回路从左至右分别为 12kW、3kW、6kW，经过配电计算可确定电缆分别为 WDZN-YJY-5×6、WDZN-YJY-5×4、WDZN-YJY-5×4。楼层配电箱系统图是表达弱电间内设备进行配电的图纸。其进线采用三相断路器，对应干线 WDZN-YJY-5×6 和 WDZN-YJY-5×4 电缆。出线采用单相断路器，对应 WDZN-BYJ-3×4 电缆为智能化机柜供电，并在墙面设置用于其他设备供电的墙面插座，预留 1 条回路作为备用，用于预留后增设备的供电。

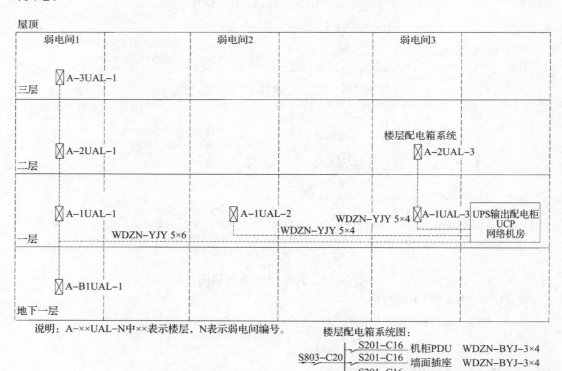

图 7-24　建筑配电系统图

7.7.2 机房配电系统图

（1）配电原理图

主机房电源取自土建电气专业为机房预留的专用配电箱，然后通过机房内的 DLP 配电箱接入 UPS，后接至 UCP 配电箱。DLP 配电箱后接精密空调、机房内普通墙面插座等在特殊情况下断电并不影响智能化系统运行的设备。DLP 配电箱出线回路接至 UPS 再接入 UCP 配电箱，通过 UCP 配电箱为机房内的设备机柜、楼层配电箱、应急照明回路、各系统主机等配电。这一原理见图 7-25，图中将各弱电间配电计入电话网络机房内，且 UPS 按照最高等级的"1+1"并机形式设计，当工程级别不够高时，可以采用单一 UPS 形式设计。

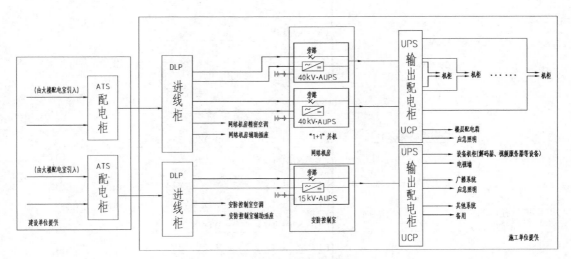

图 7-25 配电原理图

（2）应急配电箱（UCP）图

电话网络机房和安防控制室各设置一个 UCP 配电箱，见图 7-26。

电话网络机房，出线回路包括机柜专用工业连接器、环境监控电源、楼层弱电间、照明四部分。工业连接器回路，对应图 7-2 可知，电话网络机房内配有 3 台机柜，故需要 3 条回路，一对一为机柜配电。环境监控电源回路，对应图 7-10 可知，需要 1 条回路。楼层弱电间电源回路，对应图 7-24 可知，共需 3 条回路将电力送至每个弱电间。照明回路，对应图 7-6 可知，需要 1 条回路。另外，还需考虑一定的备用回路。配电箱总容量为 32kW，计入同时系数 0.7～1.0（当弱电间较多时可取较低值）。依据《民用建筑电气设计标准》GB 51348-2019 中的第 23.5.1 条 $E \geqslant 1.5P_e = 1.5 \times 32 = 48$（kV·A）。其中，电话设备满足 8h 供电，网络设备满足 2h 供电。综合考虑，UPS 取 60kV·A，按 2h 考虑。规格参考 19DX101-1《建筑电气常用数据》中"表 7.7 常用 UPS 尺寸，表 7.8 常用 UPS 配套电池及电池柜/架参考尺寸"，UPS 柜 1 台，尺寸为 800mm×860mm×1 800mm（长×宽×高），电池柜 4 台，每台尺寸为 1 000mm×800mm×1 600mm（长×宽×高）。

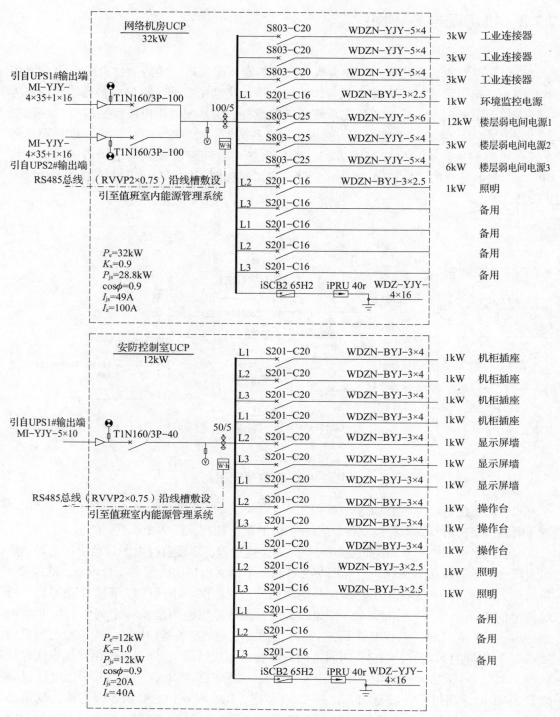

图 7-26 UCP 配电箱系统图

安防控制室，对应图 7-22 可知，出线回路包括机柜专用机柜插座、显示屏墙、操作台、照明四部分。机柜专用机柜插座回路，安防控制室内配有 4 台机柜，故需要 4 条回路，一对一为机柜配电。显示屏墙回路，需要 3 条回路。操作台回路，需要 2 条回路。照明回路，需要 2 条回路。另外，还需考虑一定的备用回路。配电箱总容量为 12kW，计入同时系数 0.7 ~ 1.0（设备较少取高值）。依据国家标准《民用建筑电气设计标准》GB 51348—2019 中的第 23.5.1 条 $E \geqslant 1.5P_e$=1.5×12=18（kV·A），UPS 取 20kV·A 规格，按 3h 考虑，参考图集，UPS 柜 1 台，尺寸为 800mm×860mm×1 400mm（长 × 宽 × 高），电池柜 3 台，每台尺寸为 1 000mm×800mm×1 600mm（长 × 宽 × 高）。

（3）动力配电箱（DLP）图

电话网络机房和安防控制室各设置一个 DLP 配电箱，见图 7-27。

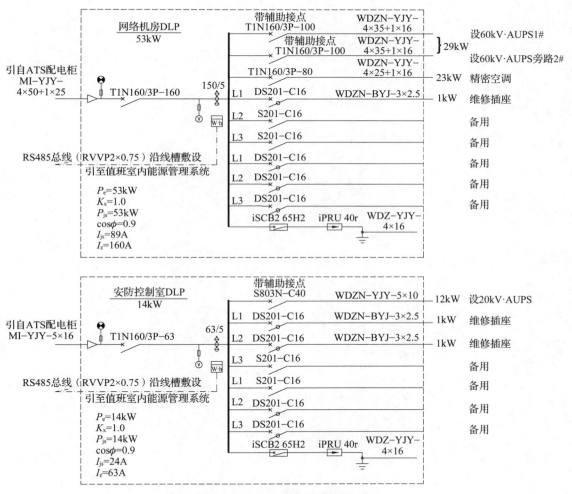

图 7-27 DLP 配电箱系统图

电话网络机房，出线回路包括 UPS 回路、精密空调回路、普通维修插座回路三部分。UPS 回路，此处因考虑 UPS 采用"1+1"并机设计，故需 2 条回路，当 1 路 UPS 断电检修时，可用旁路的 UPS 回路继续保证供电，从而不降低供电等级。对应图 7-2 可知，电话网络机房内配有 1 台 23kW 的精密空调和一路墙面普通插座，需要 1 条精密空调回路和 1 条插座回路。另外，还需考虑一定的备用回路。

安防控制室，对应图 7-22 可知，出线回路包括 UPS 回路、普通维修插座回路两部分。UPS 回路，正常配置，不考虑"1+1"并机，故仅采用 1 条回路，且因后端弱电间配电计入电话网络机房 UPS，所以安防 UPS 容量较小。插座回路，因插座数量较多，故每条回路接入 4 个插座，需要 2 条回路。另外，还需考虑一定的备用回路。

第8章 设备清单

　　设备清单是根据设计图纸统计得到的设备材料表,业主将依此开展预算、招标等工作,是智能化设计中最重要的一部分。设备清单包括设备序号、名称、数量、单位、主要技术规格五部分,名称、数量源于设计图,技术规格则主要用于描述该设备的技术参数要求。

　　本章将根据书中对应章节的内容及配图展开统计和讲解,主要按照本书表5-1和表5-2中以综合布线架构为主体的各系统形式进行统计。设备清单将以表格形式列写,表格按照实际工程设备清单格式编写。

8.1　综合布线系统

　　综合布线系统(设备材料表见表8-1)。

表 8-1　综合布线系统设备材料表

序号	设备名称	数量	单位	主要技术规格
一、	工作区子系统			
1	单口信息面板	77	个	单口方形模块面板(含边框/标签),带防尘盖,白色
2	双口信息面板	155	个	双口方形模块面板(含边框/标签),带防尘盖,白色
3	六类非屏蔽模块	387	个	与六类非屏蔽双绞线线规匹配;符合 ISO/IEC 11801: 2002 的要求
4	六类非屏蔽跳线	232	条	符合 ISO/IEC 11801:2002 的要求;长度:3m
5	RJ45-RJ11 跳线	155	条	符合 ISO/IEC 11801:2002 的要求;长度:3m
二、	水平子系统			
1	六类非屏蔽双绞线	43 560	m	暂估
三、	垂直子系统			
1	室内 6 芯多模光缆	2 925	m	暂估;OM3 室内多模 OFNR,6 芯
2	25 对三类大对数电缆	650	m	暂估;CAT3 UTP 大对数电缆
四、	配线间子系统			
1	24 口六类配线架	66	个	符合 ISO/IEC 11801:2002 的要求
2	理线器	66	个	塑料理线器,适合六类系统理线
3	六类非屏蔽跳线	726	条	符合 ISO/IEC 11801:2002 的要求;长度:2m

续表 8-1

序号	设备名称	数量	单位	主要技术规格
四、	配线间子系统			
4	110 配线架	12	个	100 对；符合 ISO/IEC 11801：2002 的要求
5	110 理线器	12	个	110 型电缆理线架
6	RJ11 转 RJ45 跳线	155	根	长度 2m
7	多模尾纤	324	根	LC OM3 多模尾纤 1.0m
8	多模双工跳线	162	条	LC-LC OM3 双工多模光跳线 2m
9	24 口光纤配线架	60	个	1U 高密度光纤配线空箱，最高满配 72 芯 LC
10	12 口适配器板	120	个	1U 高密度熔纤方案适配器板，含 12 个双工多模 LC 适配器
11	弱电间机柜	25	台	19" 标准柜，参考尺寸：600mm × 600mm × 2 000mm
五、	设备间子系统			
1	多模双工跳线	162	条	LC-LC OM3 双工多模光跳线 2m
2	24 口光纤配线架	60	个	1U 高密度光纤配线空箱，最高满配 72 芯 LC
3	12 口适配器板	120	个	1U 高密度熔纤方案适配器板，含 12 个双工多模 LC 适配器
4	110 配线架	12	个	100 对；符合 ISO/IEC 11801：2002 的要求
5	110 理线器	12	个	110 型电缆理线架
6	穿线管	1	批	—

注：ISO/IEC 11801：2002《信息技术—用户基础设施结构化布线》。

8.1.1 统计依据

本实例中的工程按照有线网、无线网、运营网、安防网组成四套网络，见图 5-14、图 5-15、图 5-16、图 5-19、图 6-19、图 6-25。

为便于理解，网络系统与模拟电话系统分开设计（图 5-14 和图 5-19）。本实例采用模拟电话系统，为方便网络配线架及跳线等设备的统计，将两图合并，见图 8-1。

8.1.2 重点解析

1）按照综合布线架构将四套网络统一按照综合布线系统的六个子系统进行划分。因实例中的建筑为单体建筑，故没有建筑群子系统。

2）工作区子系统：信息面板在图例中有多种划分，统计时仅需按照单口、双口规格差异进行统计（摄像机等设备不需要计入面板，线路直接连至设备）；六类非屏蔽模块是插座面板上的插线端头，按照插座面板上的端口数量（数据或语音）统计，本实例中仅在有线网和运营网中设有插座；六类非屏蔽跳线是用于插座面板连接计算机的网线，与数据模块数相同，本工程单口面板均为数据端口，双口面板是由 1 个数据端口和 1 个电话端口组成；RJ45-RJ11 跳线是用于插座面板连接电话的电话线，与电话模块数相同。

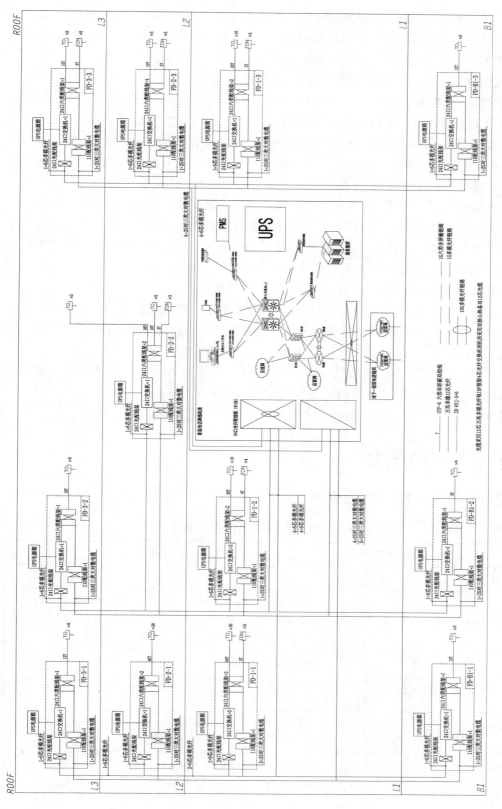

图 8-1　有线网系统图

3）水平、垂直子系统：四套网络设计中水平子系统均采用六类非屏蔽双绞线（需计入AP点、数据采集器等所有网络末端设备用线，末端共计726个），垂直子系统网络均采用6芯多模光缆，电话采用25对大对数电缆，故统一计入，准确线缆米数由编标公司计算。

4）配线间子系统：根据四套网络的系统图统计交换机、24口六类配线架、110配线架数量，对应交换机数量配置24口光纤配线架，并按2倍计入12口适配器板，另分别对应24口六类配线架和110配线架配置理线器和110理线器；六类非屏蔽跳线是用于24口六类配线架至交换机间的连线，按照四套网络所有接入网络系统的末端数量726个对等计入；按100对的110配线架考虑，不超过100个电话端口的可用1个110配线架，配套设置1个110理线器；RJ11转RJ45跳线是用于110配线架到六类配线架的连线，与工作区电话线型数量相同；多模尾纤，单核心交换机按照接入层交换机数量的2倍计，双核心交换机按照接入层交换机数量的4倍计，如果按满配考虑，则按总光纤芯数计入。多模双工跳线按照尾纤数量的一半计入；弱电间机柜按照19"标准柜统计，系统图中根据机柜号分为FD和AF两种，故四套网络分别设置在两个机柜中，共计25个。

本工程数据端口和模拟电话端口是共用24口六类配线架的。

本工程末端是不通过插座直接连至设备的，如摄像机、数据采集器等，可相应取消六类配线架和六类非屏蔽跳线，其双绞线直接接至交换机上。此处考虑接线牢固，不易损，故计入此部分设备。

5）设备间子系统：电话网络机房和安防控制室内布线系统设备，其光纤配线架、适配器板、110配线架，110理线器的数量与配线间子系统内的相等。

本节知识及计算结合本书"5.1.1　基础知识及技术原理"理解。

8.2　计算机网络系统

计算机网络系统设备材料表见表8-2。

表8-2　计算机网络系统设备材料表

序号	设备名称	数量	单位	主要技术规格
一、有线网				
1	路由器主机	2	台	IPV6转发性能：≥9Mpps；内存：≥2G；Flash：≥256M；冗余电源：支持；固定GE口：≥3（2Combo）；SIC插槽：≥4；DSIC：≥2；HMIM插槽：≥6；DHMIM：≥1；VPM：≥2
2	防火墙	2	台	SSL VPN并发用户数：≥4 000；防火墙吞吐量：≥6G；固定接口数：≥16GE+8SFP+2万兆光；运行模式：路由模式、透明模式、混杂模式
3	核心交换主机	2	台	交换容量：≥19.2Tbps；转发性能：≥2 880Mpps；业务插槽数：≥3；冗余设计：电源、主控冗余
4	核心交换机引擎	4	块	Flash：1GB；SDRAM（DDR3）：4GB；4个网管口（2个10/100/1 000Base-T接口和2个SFP接口）；1个USB接口

续表 8-2

序号	设备名称	数量	单位	主要技术规格
5	核心交换机电源	4	块	交流电源模块功率：650W
6	24 端口光口板	2	块	24 端口千兆以太网光口（SFP，LC）；4 端口万兆以太网光接口模块（SFP+，LC）
7	24 端口电口板	2	块	24 端口千兆以太网电接口（RJ45）；4 端口万兆以太网光接口模块（SFP+，LC）
8	万兆多模光模块	2	台	SFP+ 万兆模块（850nm，300m，LC）
9	24 口接入交换机	14	台	交换容量：≥336Gbps；转发性能：≥96Mpps；端口数量：≥24 个 10/100/1 000Base-T 自适应以太网端口，4 个 SFP+ 万兆光模块 16GE+8SFP+2（SFP+）
10	千兆多模光模块	56	台	光模块 -SFP-GE- 多模模块 -（850nm，0.55km，LC）
二、无线网				
1	路由器主机	2	台	IPV6 转发性能：≥9Mpps；内存：≥2G；Flash：≥256M；冗余电源：支持；固定 GE 口：≥3（2Combo）；SIC 插槽：≥4；DSIC：≥2；HMIM 插槽：≥6；DHMIM：≥1；VPM：≥2
2	防火墙	2	台	SSL VPN 并发用户数：≥4 000；防火墙吞吐量：≥6G；固定接口数：≥16GE+8SFP+2 万兆光；运行模式：路由模式、透明模式、混杂模式
3	核心交换主机	2	台	交换容量：≥19.2Tbps；转发性能：≥2 880Mpps；业务插槽数：≥3；冗余设计：电源、主控冗余
4	核心交换机引擎	4	块	Flash：1GB；SDRAM（DDR3）：4GB；4 个网管口（2 个 10/100/1 000Base-T 接口和 2 个 SFP 接口）；1 个 USB 接口
5	核心交换机电源	4	块	交流电源模块功率：650W
6	24 端口光口板	2	块	24 端口千兆以太网光口（SFP，LC）；4 端口万兆以太网光接口模块（SFP+，LC）
7	24 端口电口板	2	块	24 端口千兆以太网电接口（RJ45）；4 端口万兆以太网光接口模块（SFP+，LC）
8	万兆多模光模块	2	台	SFP+ 万兆模块（850nm，300m，LC）
9	24 口 POE 接入交换机	13	台	交换容量：≥336Gbps；转发性能：≥96Mpps；端口数量：≥24 个 10/100/1 000Base-T 自适应以太网端口，4 个 SFP+ 万兆光模块 16GE+8SFP+2（SFP+）；支持 POE、POE+
10	千兆多模光模块	52	台	光模块 -SFP-GE- 多模模块 -（850nm，0.55km，LC）
11	无线控制器	1	台	电源：可插拔电源，1+1 冗余备份；最大管理 AP 数：512；可配置 AP 数：2 048
12	无线 AP 控制授权	1	套	增强型无线控制器 license 授权函；管理 128AP

续表 8-2

序号	设备名称	数量	单位	主要技术规格
13	无线 AP	123	台	内置天线：内置硬件智能天线，支持 2.4G 和 5G 工作频段)。1 000M 以太网口数：≥ 2 个。支持 POE 供电和本地供电
三、运营网				
1	防火墙	1	台	SSL VPN 并发用户数：≥ 4 000；防火墙吞吐量：≥ 6G；固定接口数：≥ 16GE+8SFP+2 万兆光；运行模式：路由模式、透明模式、混杂模式
2	核心交换主机	1	台	交换容量：≥ 19.2Tbps；转发性能：≥ 2 880Mpps；业务插槽数：≥ 3；冗余设计：电源、主控冗余
3	核心交换机引擎	2	块	Flash：1GB；SDRAM（DDR3）：4GB；4 个网管口（2 个 10/100/1 000 Base-T 接口和 2 个 SFP 接口）；1 个 USB 接口
4	核心交换机电源	2	块	交流电源模块功率：650W
5	24 端口光口板	1	块	24 端口千兆以太网光口（SFP，LC）；4 端口万兆以太网光接口模块（SFP+，LC）
6	24 端口电口板	1	块	24 端口千兆以太网电接口（RJ45）；4 端口万兆以太网光接口模块（SFP+，LC）
7	万兆多模光模块	1	台	SFP+ 万兆模块（850nm，300m，LC）
8	24 口接入交换机	13	台	交换容量：≥ 336Gbps；转发性能：≥ 96Mpps；端口数量：≥ 24 个 10/100/1 000Base-T 自适应以太网端口，4 个 SFP+ 万兆光模块 16GE+8SFP+2（SFP+）
9	千兆多模光模块	26	台	光模块 -SFP-GE- 多模模块 -（850nm，0.55km，LC）

8.2.1 统计依据

按综合布线系统中的有线网、无线网、运营网、安防网的四套网络。计算机网络系统需计入有线网、无线网、运营网，安防网单独计入安防系统设备清单中。

8.2.2 重点解析

1）综合布线系统中已计入布线系统相关设备，如机柜、配线架、理线器等，而机柜内的交换机及主机房设备，需按照四套物理隔离的网络分别统计。

2）主机房内，有线网、无线网按照双核心设计。故用于接外部网络的防火墙、路由器主机、核心交换机、核心交换机引擎、核心交换机电源、24 端口光口板、24 端口电口板、万兆多模光模块都按照 2 倍计入。其中核心交换机引擎、核心交换机电源按照核心交换机的 2 倍计入。运营网、安防网按照单核心设计，故按照单数统计，且不需要连接外部市政通信网络，所以不需要设置路由器主机。

安防网主机房及接入层交换机计入视频监控系统中。

3）综合布线系统的配线间子系统中仅针对布线系统进行统计，而交换机是计入计算机网络系统的。根据末端设备的需求不同，有线网和运营网末端采用插座（数据采集器、DDC 控制器单独由强电配电箱取电）不需要通过交换机供电，采用普通的交换机即可。无线网的 Wi-Fi 发射器需要通过交换机供电，需采用 POE 交换机。

4）千兆多模光模块匹配交换机的端口要求，在多模光纤两端安装。单核心交换机按照交换机的 2 倍计入，双核心交换机按照 4 倍计入。

5）无线网需要计入末端无线 AP（Wi-Fi 发射器）数量，并根据无线控制器和无线 AP 控制授权技术规格中规定的接入无线 AP 数量确定两者的台数。

8.3　电话系统

8.3.1　统计依据

按综合布线系统中的有线网、无线网、运营网、安防网的四套网络。

8.3.2　重点解析

1）综合布线系统中已计入布线系统的相关设备，如机柜、配线架、理线器等，而电话系统仅针对电话机房内的设备进行统计。

模拟电话和数字电话，在电话机房内的设备通常由运营商提供，不需要列写设备清单。

2）表 8-1 和表 8-2 是采用模拟电话系统的设备材料表。如果采用数字电话，则表 8-1 中工作区子系统将电话端口作为数据端口计入，并将 RJ45-RJ11 跳线改为数量相等的六类非屏蔽跳线；垂直子系统去掉 25 对三类大对数电缆一项；配线间子系统去掉 110 配线架、110 理线器、RJ11 转 RJ45 跳线；设备间子系统去掉 110 配线架、110 理线器。如果采用数字电话，则表 8-2 中有线网的 24 口接入交换机和千兆多模光模块依据数据端口增加量应重新计算。

8.4　有线电视系统

有线电视系统设备材料表见表 8-3。

表 8-3　有线电视系统设备材料表

序号	设备名称	数量	单位	主要技术规格
1	有线电视机顶盒	18	台	暂估；业主方提供，由运营商处购置
2	邻频调制器	20	台	标准视、音频输入；45～862MHz 范围的所有系统和电视频道；3 块中频声表滤波，隔离度高，标准残留边带特性；视/音频调制度可调
3	混合器	1	台	频率范围：45～860MHz；输入口隔离度：≥30dB；插入损耗：≤21dB；输入口反射损耗：≥16dB；输出口反射损耗：≥16dB

续表 8–3

序号	设备名称	数量	单位	主要技术规格
4	干线放大器	1	台	5～1 000MHz 双向平台设计；下行 2 个进口放大模块设计；为单路信号输入、单/两路或分支三种输出，最大标称满增益 35dB
5	楼层放大器	3	台	5～862MHz 双向平台设计；正向通路采用单级推挽模块放大；双向滤波器可提供多种分割频率；单路，两路分配或分支三种输出方式可选；–20dB 定向耦合测试方式；反向通路均设有输入衰减和 –20dB 测试口
6	楼层放大器箱	3	台	参考尺寸：400mm×500mm×200mm
7	分支分配器	21	支	锌合金压铸外壳，表面镀锡处理；屏蔽度：5～1 000MHz ≥ 100dB；H 型；输入、输出端装有高压隔离电容
8	分支分配器箱	21	台	参考尺寸：300mm×400mm×150mm
9	75Ω 终端电阻	18	个	—
10	终端用户面板	24	个	75Ω 接口；高级塑料面板，组件式设计；内附屏蔽铁盒；隔离度大于 22dB
11	同轴电缆	300	m	SWYV75–5；暂估
12	同轴电缆	150	m	SWYV75–7；暂估
13	同轴电缆	50	m	SWYV75–9；暂估
14	镀锌钢管	300	m	JDG25；暂估
15	镀锌钢管	200	m	JDG32；暂估

8.4.1　统计依据

　　本工程按照有线电视系统设计，见图 5–23。若采用网络电视（IPTV）则电视机房仅考虑各信号源解码转换为网络信号接入有线网的核心交换机中，如自办节目通过单路编码器，有线电视通过网关接入。另外，末端电视插座作为数据插座计入有线网。

8.4.2　重点解析

　　1）有线电视机顶盒分两种设置方式。第一种是每个电视插座后部设置一个，再连接电视。第二种是集中设置在有线电视机房，具体采购数量与同时播放的频道数目有关（同时每个机顶盒只能播放一个频道节目），具体需业主与电视运营商确定。公共建筑当末端数量较多时多采用第二种方法，既方便管理又节约投资。该工程共计 24 个电视插座，最多同时播放 24 个频道，而该工程是公共建筑，不可能所有人同时收看多个频道，故考虑设置 18 台机顶盒，相较于每个插座设置机顶盒节省 6 台，且便于集中管理。

　　2）邻频调制器用于调整节目频道。其按照信号源数量设置，图中市政有线电视网 1路分 18 台机顶盒，另设有 1 个录像机、1 个 DVD 机，共计 20 个信号源。配套设置 1 台混合器处理多路信号。

3）由混合器经有线电视内的 1 个干线放大器引出各路线缆。

4）系统图计算得到放大器数量，清单按图中数量统计得到，并一对一设置箱体。

5）各处的分支器与分配器按照一项统计，并因其设置位置有可能在各个房间处，所以一对一设置箱体。另外，将轮空的分支分配器端口计入终端电阻。

6）终端用户面板（电视插座）数量按照图中数量计入。

8.5 建筑设备监控系统

建筑设备监控系统设备材料表见表 8-4。

表 8-4 建筑设备监控系统设备材料表

序号	设备名称	数量	单位	主要技术规格
1	工作站	1	台	i7-6700，2×8GB，nECC，2TB，SATA，DVDRW
2	数据管理服务器软件	1	套	Web 服务，5 用户，包含趋势分析、全局搜索、全局命令、管理报警、设置时间表、权限和图形界面等功能
3	集成网关	8	套	Modbus 转 BACnet、TCP/IP 协议；DC24V 供电
4	通用 IP 控制器	10	台	Modbus 和 BACnet、TCP/IP 协议，含 RS485 和 TCP/IP 通信接口；包含输入输出点位 8UI，4DI，2DO，4AO；DC24V 供电
5	I/O 扩展模块	3	台	Modbus 和 BACnet、TCP/IP 协议，包含输出点位 32UI，DC24V 供电
6	I/O 扩展模块	5	台	Modbus 和 BACnet、TCP/IP 协议，包含输出点位 12UI，4UO，DC24V 供电
7	I/O 扩展模块	4	台	Modbus 和 BACnet、TCP/IP 协议，包含输入输出点位 8UI，8UO，DC24V 供电
8	DDC 箱体	10	台	参考尺寸：800mm×400mm×140mm
9	空气压差开关	9	个	0~500Pa 可调
10	浮球开关	6	个	紧凑型防腐 ABS 外壳，单刀双掷触点，12m 密封电缆
11	防冻开关	9	个	自动复位，2~7℃，单刀双掷
12	继电器	49	个	含底座
13	风管型温湿度传感器	5	个	镍元件，-46~104℃
14	室内温湿度传感器	4	个	湿度 4~20mA，温度 Pt100，精度 5%FS
15	室内型二氧化碳传感器	69	个	测量范围：0~2 000×10^{-6}
16	室内甲醛传感器	64	个	测量范围：0~2 000×10^{-6}；三线制 4~20mA 电流输出信号

续表 8–4

序号	设备名称	数量	单位	主要技术规格
17	室内一氧化碳传感器	8	个	测量范围：$0 \sim 100 \times 10^{-6}$；两线制 $4 \sim 20$mA 线性输出信号
18	变频功率传感器	5	个	—
19	调节型风阀执行器	5	个	—
20	开关型风阀执行器	4	个	—
21	水阀执行器	9	个	—
22	加湿阀执行器	9	个	—
23	信号线	2 000	m	$RVV-2 \times 1.0$mm^2；暂估
24	镀锌钢管	2 000	m	JDG20；暂估

8.5.1　统计依据

本工程按照有线网、无线网、运营网、安防网组成的四套网络构成，建筑设备监控系统采用综合布线架构设计，接入运营网系统图见图 5–16，点位表见图 5–31。

8.5.2　重点解析

1）主机房中由工作站计算机、数据管理服务器、服务器软件三者构成，通常软件开发者配套提供服务器。

2）本工程包含 4 台 VRV 机组、1 个给水机房、1 个中水机房、1 个换热站、1 个制冷机房，结合业主集中控制要求，需设置 8 个网关接入相关机组的自控系统。

3）每个 DDC 控制器（通用 IP 控制器）和 I/O 扩展模块内设有 DI、AI、DO、AO 四种点位。而随产品发展，很多产品设有 UI、UO 点位，UI 代表可以用于 DI 或 AI 的通用输入点位，UO 代表可以用于 DO 或 AO 的通用输入点位。对照点位表可知每处 DDC 控制器需要接入的点位数量，当超过 DDC 自带的点位数时，可连接 I/O 扩展模块，增加点位数。每个 DDC 控制器至少可以接入 4 个 I/O 扩展模块，各厂家产品有所差异。每个 DDC 控制器及其连接的 I/O 扩展模块需要对应设置 DDC 箱体。

以 "AF–3–1" 接线箱，所接两个 DDC 控制器中的右边一块为例。DDC 控制器后部接入 1 台排风机、2 台新风机，共计 72 个 AI、15 个 DI、9 个 AO、3 个 DO。为满足所有点位数量需求，接入 1 个 DDC 控制器和 2 个 32UI，1 个 12UI、4UO，1 个 8UI、8UO 模块，共计 1 个 DDC 控制器和 3 个 I/O 拓展模块。

另外，控制器和拓展器还需注明一项重要指标，总线制采用 Modbus 协议和综合布线架构采用 BACnet、TCP/IP 协议，以配合该工程中采用的综合布线系统运营网设计方法。

4）传感器和执行器：滤网压差报警通过压差开关检测，液位检测通过浮球开关检测，防冻阀报警通过防冻阀开关检测；设备启停控制通过继电器实现；各种检测通过与其功能对应的传感器或变送器实现，如该工程中包括风管型温湿度传感器，室内温湿度通过室内温湿度传感器，如一氧化碳传感器、二氧化碳传感器、甲醛传感器等；变频机组的风阀执行器是调节型风阀执行器，定频机组为开关型风阀执行器。

8.6 建筑能耗监测系统

建筑能耗监测系统设备材料表见表 8-5。

表 8-5 建筑能耗监测系统设备材料表

序号	设备名称	数量	单位	主要技术规格
1	工作站	1	台	i7-6700, 2×8GB, nECC/2TB, SATA, DVDRW
2	能源管理系统软件	1	套	基于 C/S 结构的建筑级能源管理软件；具有设备监控、能耗分析、能源计量、综合计费、报表管理的综合性软件；支持对数据访问的角色控制；支持在线动态配置和修改现场控制逻辑；支持在线图形化逻辑编制和即时生效；设备报警和能耗限值报警
3	区域管理器	12	套	额定电压：DC24V；额定功率：3.5～5.0V·A；支持 5 路 RS485 的仪表采集通道，每路通道最多管理 32 台仪表，共 160 台仪表；每路通道协议可单独配置；每路通道的仪表必须为同一类型仪表（仪表厂家、仪表种类和仪表协议相同）；上行支持总线和 TCP/IP 连接；下行包含 RS485 通信接口，可选配 Rs485 转 M-BUS 转换器支持 M-BUS 总线；下行总线支持 Modbus-RTU、DL/T 645-1997、DL/T 645-2007、CJ/T 188-2004、EN 1434 等行业标准通信协议
4	总线转换器	23	套	DC24V 供电，保护电流 200mA；上行连接：RS232 或 RS485；下行连接：M-BUS；最多可接 32 台 M-BUS 仪表；通道过流、保护短路保护，故障解除自动恢复
5	超声波冷热量表	2	套	通信接口：M-BUS，通信协议：EN 1434；供电方式：内置锂电池供电；温度范围：2～95℃；温差范围：2～85K；防护等级 IP65；压力等级：$PN16$；精度等级：二级；温感线长：1.5m
6	超声波冷水表	26	套	通信接口：M-BUS，通信协议：EN 1434；供电方式：锂电池供电；温度等级：T50；防护等级：IP65；压力等级：$PN16$；量程比：R100；精度等级：二级；安装环境：B 级（安装在室内）；敏感度等级：U5、D3
7	三相四线电子式电能表	39	套	RS485 总线通信，Modbus-RTU 协议；等级 1.0 级；7 位 LCD 显示器；电路回路功耗：≤1.0W，5V·A；总有功电度 1.5（6）A、3（6）A、5（20）A、10（40）A、10（60）A、15（60）A、20（80）A、30（100）A
8	信号线	950	m	RVSP-2×1.0mm²；暂估
9	镀锌钢管	950	m	JDG25；暂估

8.6.1 统计依据

本工程按照有线网、无线网、运营网、安防网组成的四套网络构成，建筑设备监控系统采用综合布线架构设计，接入运营网系统图见图 5-16。

8.6.2　重点解析

1）主机房中由工作站计算机、数据管理服务器、服务器软件三者构成，通常软件开发者配套提供服务器。

2）数据采集器（区域管理器）按系统图中数量计入。其每条出线回路通过总线转换器转为总线制连接后部的表计。该例中，区域管理器后的表计回路共分为 23 路，所以需要设置 23 套总线转换器。

3）按照图中数量计入冷热量表、水表、电能表，并对表计的通信接口定义为总线制接口，同时依据设备专业和电气专业对于表计的精度等技术提出要求。另外，区域管理器前线路已计入运营网，本处仅需依据图纸计入其后线路及配管。

8.7　信息引导及发布系统

信息引导及发布系统设备材料表见表 8-6。

表 8-6　信息引导及发布系统设备材料表

序号	设备名称	数量	单位	主要技术规格
1	42" 触摸一体机	7	台	工业级定制机柜；42" 声波触摸屏；双核四线程，硬件加速芯片结合；处理器 / 内存：2G/ 硬盘：320G
2	投影机	1	台	亮度 4 500 流明；分辨率：1 920×1 080；对比度：10 000∶1
3	22" 显示器	16	台	显示比例：16∶9；分辨率：1 920×1 080；平均亮度：450cd/m；对比度：10 000∶1；可视角度：178° /178°；色饱和度：64 灰阶；立体声音响喇叭
4	55" 显示器	1	台	显示比例：16∶9；分辨率：1 920×1 080；平均亮度：450cd/m；对比度：10 000∶1；可视角度：178° /178°；色饱和度：64 灰阶；立体声音响喇叭
5	65" 显示器	2	台	显示比例：16∶9；分辨率：1 920×1 080；平均亮度：450cd/m；对比度：10 000∶1；可视角度：178° /178°；色饱和度：64 灰阶；立体声音响喇叭
6	小间距 LED 拼接屏	16	台	10m² 小间距 LED 屏；分辨率达到 1 920×1 080，像素间距 P2.0，亮度 400~800cd/m² 可调，排列方式 16∶9
7	拼接处理器	2	台	第五代嵌入式拼接处理器，1 路 HDMI 输入，1 路视频输入，1 路 VGA 输入，1 路 YPbPr 输入，全嵌入式数字处理单元，支持 1 920×1 080 分辨率
8	功放扬声器	2	套	拼接屏配套提供

续表 8-6

序号	设备名称	数量	单位	主要技术规格
9	拼接屏支架	1	套	2m² 支架采用优质冷轧钢板材质，结构强度稳定；采用专用调节机构，实现大屏安装方便，调节简单安全
10	拼接屏支架	1	套	8m² 支架采用优质冷轧钢板材质，结构强度稳定；采用专用调节机构，实现大屏安装方便，调节简单安全
11	媒体播放机	29	台	嵌入式低功耗处理器；内存：1G；硬盘：320G；标准 VGA，音频输出，RS232 串口，USB 接口；含播放版软件；支持 1 920×1 080 超高清显示效果；支持横屏显示效果；任意分割画面播放，自定义模版
12	LED 播放工作站	1	台	i7-6700，2×8GB，nECC，2TB，SATA，DVDRW
13	发送盒	4	台	一拖四发送盒
14	接收卡	16	个	—
15	主控卡	1	张	—
16	系统管理服务器	1	台	i7-6700，2×8GB，nECC，2TB，SATA，DVDRW
17	系统管理平台	1	套	一个中央控制系统端可以同时发布和管理若干个媒体显示端，安装在中央控制系统端硬件上。增强版软件，灵活的编排和发布节目，预览播放画面，监控节目及播放状态，定时远程开关机管理维护，定时或紧急插入发布节目或内容等，基于 TCP/IP 网络的控制管理和发布，含远程指令模块，实时网页接入模块等，支持各类多媒体节目及格式，不需要转换格式
18	VGA 线缆	1 000	m	暂估
19	音频线	1 000	m	暂估
20	热镀锌钢管	2 000	m	SC25；暂估

8.7.1　统计依据

本工程按照有线网、无线网、运营网、安防网组成的四套网络构成，信息发布系统的数据传输已通过运营网完成，此部分需计入数据插座后部的设备及接线系统图见图 5-38。

8.7.2　重点解析

1）按照系统图计入触摸一体机、各类显示器、LED 拼接屏、投影机数量。触摸一体机的 CPU、内存、硬盘参数直接影响使用效果；显示屏的显示比例通常采用 16∶9，分辨率 1 920×1 080 达到高清视频规格，更高的还有 4K、3D 等，平均亮度、对比度是越高越好；拼接屏在普通显示器的基础上增加了对像素间距的要求，越小则拼接后成像效果越好，亮度越高视觉感受越好；投影机与显示屏参数相类似，亮度越高则受光线影响越小；显示屏还应注明带立体声音响喇叭，以保证声音播放。

2）每处拼接屏需要设置一台拼接处理器，前部接媒体播放机，其将一路视频信号同步转换为多路输出，通过发送卡和屏的接收卡，通过线缆分送至多块屏幕，其需与屏幕配套分辨率 1 920×1 080。同时，针对每处拼接屏方式的不同选用合适的拼接屏支架。另外，还应针对每处拼接屏位置配套设置功放扬声器以播放声音。

因采用 LED 拼接屏，故需设置发送卡和接收卡，其他类型屏幕则不需要。

3）每处显示屏、投影机、触摸屏等显示和查询终端都需要对应设置媒体播放机。其数量对应设置点数，如一处拼接屏可前端共用一个媒体播放机。

4）主机房中由系统管理平台、系统管理服务器、服务器软件三者构成。软件开发者配套提供服务器。另外，数据插座前线路已计入运营网，本处仅需根据图纸计入媒体播放机后线路及配管。

8.8 公共广播系统

公共广播系统设备材料表见表 8-7。

表 8-7 公共广播系统设备材料表

序号	设备名称	数量	单位	主要技术规格
1	6/3/1W 嵌顶式喇叭	72	个	标准功率：3W；输入电压：70/100V；灵敏度：（1m，1W）91dB；最大声压级：（1m）96dB；频响：100～16 000Hz
2	6W 壁挂式喇叭	5	个	标准功率：3W；最大功率：6W；输入电压：70/100V；灵敏度：（1m，1W）91dB；最大声压级：（1m）96dB；频响：200～16 000Hz
3	功率放大器	11	台	网络接口：RJ45；传输速率：10/100Mbps；支持协议：UDP、RTP、TCP、组播、SIP 协议；输入接口 1 路 AUX，1 路 MIC，1 路 EMC；输出接口：1 路 AUX；额定输出功率：120W
4	前置放大器	2	台	八进八出；网络接口：RJ45；传输速率：10/100Mbps；支持协议：UDP、RTP、TCP、组播、SIP 协议；输入接口：8 路 AUX；输出接口：8 路 AUX；功耗：10W
5	四通道网络化终端	4	台	网络接口：RJ45；传输速率：10/100Mbps；支持协议：UDP、RTP、TCP、组播、SIP 协议；输出接口：4 路 AUX
6	24 口网络交换机	1	台	交换容量：≥336Gbps；转发性能：≥96Mpps；端口数量：≥24 个 10/100Mbps 自适应以太网端口，4 个千兆万兆 SFP+ 口
7	IP 网络广播控制中心	1	台	支持专用百兆网传输，可同时传输上百套节目源；i7-6700，2×8GB，nECC，2TB，SATA，DVDRW
8	IP 网络广播服务器软件	1	套	服务器软件负责音频流点播服务、计划任务处理、终端管理和权限管理等功能。管理节目库资源，提供定时播放和实时点播媒体服务，响应各网络适配器的播放请求，为各音频工作站提供数据接口服务

续表 8–7

序号	设备名称	数量	单位	主要技术规格
9	IP 软件狗	1	个	—
10	广播话筒	1	个	灵敏度：63dB；频率响应：50～12 000Hz
11	CD/DVD 和 MP3 播放器	1	台	机柜式需手动控制的 CD/DVD 播放设备，可播放 CD/DVD 和 MP3 格式碟片，为广播系统提供音源
12	数字调谐器	1	台	机柜式需手动控制的 AM/FM 数字收音机，为广播系统提供音源
13	十六位电源时序器	1	台	为广播系统其他设备提供电源供电，并可结合系统主机进行电源上、断电管理的设备；标准机柜式设计（2U）；16 路电源输出，每路输出 AC220V（10A），电源插口总容量达 6kV·A；设有电子锁开关，可手动控制 16 个电源上断电，也可与定时器、智能控制器相连接，实现自动控制；16 路电源插座依次间隔 1s 打开；有 1 路 24V 消防信号输入接口；1 路消防短路报警触发信号输出；功耗：50W
14	IP 网络有源音箱	1	个	网络接口标准：RJ45；支持协议：TCP/IP、UDP、IGMP（组播）；音频格式：MP3/MP2；传输速率：100Mbps；音频模式：16 位立体声 CD 音质；输出频率：80～16kHz；扬声器输出阻抗及额定功率：8Ω，2×（10/20/30W）工业标准接线端子；功耗：≤ 70W；输入电源：AC220V/50Hz
15	消防信号智能接口	1	台	采集消防中心短路信号的接口设备，适用于需要消防联动报警的广播系统；标准机柜式设计（2U）；30 路消防报警采集接口，可扩展至 300 路；由地址码可配制两种报警采集触发方式，常闭触发方式跟常开触发方式；准确的报警分区 LED 显示；内置高保真监听喇叭，监听更直接；具有 RJ45 通信接口，可与系统主机通信数据，内置报警联动接口及邻层报警算法，实现灵活的全区、分区、邻层等多种报警功能；功耗：15W
16	广播线	1 000	m	NH–RVV–2×1.5mm²；暂估
17	广播线	600	m	RVV–2×2.5mm²；暂估
18	超五类非屏蔽双绞线	400	m	暂估
19	热镀锌钢管	1 000	m	SC20；暂估
20	镀锌钢管	1 000	m	JDG25；暂估

8.8.1 统计依据

公共广播系统，以图 5–41 为例编写清单。

8.8.2 重点解析

1）按照系统图计入吸顶扬声器、壁挂扬声器数量，并注明其功率、电压、灵敏度等参数。

2）功率放大器用于放大电压，其额定输出功率需按基础知识讲解的计算方法得到，并向上取整，该系统中全为 120W 功率放大器，并且其输出电压需与扬声器匹配。前置放大器用于放大电流，其不具备矩阵功能，前后需一对一考虑输入输出接口数量，该系统有 11 路输出配置 2 台八进八出前置放大器。四通道网络化终端，需注明其网络接口及百兆网络传输速率，通过网络 RJ45 口输入，通过音频 AUX 输出，本系统按 4 路输出配置 4 台网络化终端。

3）通过所需网络端口数量确定该系统采用 1 台 24 口网络交换机。并计入广播主机，配套设置的服务器，用于系统安全的软件狗。同时计入音源设备的广播话筒、CD/DVD 和 MP3 播放器、数字调谐器，用于安防控制室内监听效果的有源音箱。还需根据用电设备数量计入 1 台十六位电源时序器用于管理各设备电源开关。另外，与消防广播兼用系统还需计入消防信号智能接口。

8.9 智能照明系统

智能照明系统设备材料表见表 8-8。

表 8-8 智能照明系统设备材料表

序号	设备名称	数量	单位	主要技术规格
1	4 路 16A 智能继电模块	15	块	提供 4 路 16A 开关输出通道；不受通信影响进行本地和远程开关控制；标准 35mm 的 DIN 轨道安装；每个通道的额定负载 10A，每路设有应急旁路开关
2	8 路 16A 智能继电模块	10	块	提供 8 路 16A 开关输出通道；不受通信影响进行本地和远程开关控制；标准 35mm 的 DIN 轨道安装；每个通道的额定负载 10A，每路设有应急旁路开关
3	8 路 16A 智能调光模块	2	块	提供 8 路 16A 脉宽调制输出通道；不受通信影响进行本地和远程开关控制；标准 35mm 的 DIN 轨道安装；每个通道的额定负载 10A
4	八键面板	81	个	有 2、4 或 8 键配置；带有双色指示灯并有夜灯功能；内置红外接收器；单网络上最大单元数：50
5	动静探测器	135	个	360° 范围；RS485 通信接口
6	中控软件	1	套	配套
7	中控主机	1	台	i7-6700，$2 \times 8GB$，nECC，2TB，SATA，DVDRW
8	信号线	800	m	RVSP-$2 \times 1.0mm^2$；暂估
9	镀锌钢管	800	m	JDG25；暂估

8.9.1　统计依据

智能照明系统，以图 5-45 为例编写清单。

8.9.2　重点解析

1）按照系统图计入各类开关（继电）模块和调光模块，应急照明通常采用继电模块，故在继电模块中要求设有应急旁路开关，同时注明可以接 10A 电流回路 4 路或 8 路，并可安装在配电箱标准轨道上。

2）根据设计图计入智能照明面板、探测器数量，并描述清其形式及接口等。

3）主机房中由系统管理平台、系统管理服务器、服务器软件三者构成。软件开发者配套提供服务器。根据总线制计入相关线路及配管数量。

8.10　会议系统

会议系统设备材料表见表 8-9。

表 8-9　会议系统设备材料表

序号	设备名称	数量	单位	主要技术规格
一、视频显示子系统				
1	小间距 LED 拼接屏	42	台	20m^2 小间距 LED 屏；分辨率达到 1 920×1 080，像素间距 P2.0，亮度：400~800cd/m^2 可调，排列方式 16：9
2	拼接屏支架	1	套	支架采用优质冷轧钢板材质，结构强度稳定；采用专用调节机构，实现大屏安装方便，调节简单安全
3	弹起式多功能桌插	2	个	支持 HDMI 和 DVI 视频信号输入及 HDMI 信号 LOOP 输出，标准 60Hz，并可以自动适应帧率；输入分辨率：最大 1 920×1 200 点，支持分辨率任意设置；支持多发送器任意拼接级联，严格同步
4	高清摄像机	2	台	——
5	发送盒	11	台	一拖四发送盒
6	接收卡	42	个	支持任意抽点，支持数据偏移，可轻松实现各种异型屏、球形屏、创意显示屏；通信距离：超五类网线 ≤ 140m；六类网线 ≤ 170m；光纤线：单模收发器 ≤ 20km，多模收发器 ≤ 550m。（利用中继器无限延长）；兼容传输设备：千兆交换机、千兆光纤收发器、千兆光纤交换机
7	主控卡	1	张	使用 RS232 串口或千兆网口通信；支持用网口级联在接收卡之间或最后；具有定时功能，可以替代定时器和延时器
8	LED 播放工作站	1	台	i7-6700，2×8GB，nECC，2TB，SATA，DVDRW

续表 8–9

序号	设备名称	数量	单位	主要技术规格
9	高清混合矩阵	2	台	工程专用高清 HDMI 分配器，四路输入，二十四路输出
10	HDMI 双绞线传输接收器	42	台	支持 HDMI 1.4 标准和 HDCP 1.4 标准；支持 1 920 × 1 200 的分辨率；支持远距离传输 150m；支持 HDBaseT 传输技术，只需一根网线；支持 HDMI 和 DVI 接口的两路视频同时输出；支持 RS232 的双向透传接口
11	HDMI 双绞线传输发送器	42	台	支持 HDMI 1.4 标准和 HDCP 1.4 标准；支持 1 920 × 1 200 的分辨率；支持远距离传输 150m；支持 HDBaseT 传输技术，只需一根网线；支持 HDMI 和 DVI 接口的两路视频同时输出；支持 RS232 的双向透传接口
12	HDMI 线	280	m	暂估
13	六类非屏蔽双绞线	3 360	m	暂估
14	DVI 转 HDMI 线	150	m	暂估
15	机柜	1	台	19″ 标准柜
二、音频扩声子系统				
1	600W 高端专业音箱	6	个	阻抗：8Ω；频响：40Hz ~ 20kHz；额定功率：600W；灵敏度：100dB/W/M；覆盖角度：（H）90°（V）60°
2	300W 高端专业音箱	2	个	阻抗：8Ω；频响：55Hz ~ 20kHz；额定功率：300W；灵敏度：100dB/W/M；覆盖角度：（H）90°（V）60°
3	监听音箱	1	个	2 路双功放有源音箱。频响：54Hz ~ 30kHz；额定功率：45W
4	音箱支架	7	个	—
5	功率放大器	3	台	立体声 / 并联 8Ω × 2 的 900W × 2，立体声 / 并联 4Ω × 2 的 1 350W × 2，立体声 / 并联 2Ω × 2 的 2 000W × 2，桥接 8Ω 的 2 600W，桥接 4Ω 的 4 000W；信噪比 >95dB；频响：20Hz ~ 20kHz（+0/-2dB）；分离度 ≥ 80dB；失真度 < 0.05%
6	功率放大器	1	台	立体声 / 并联 8Ω 的 500W × 2，立体声 / 并联 4Ω 的 730W × 2，桥接 8Ω 的 1 460W；信噪比 >95dB；频响：20Hz ~ 20kHz（+0/-2dB）；分离度 ≥ 80dB；失真度 < 0.05%
7	音频处理器	1	台	支持 8 路平衡式话筒 / 线路输入通道，采用裸线接口端子，平衡接法；支持 8 路平衡式线路输出，采用裸线接口端子，平衡接法；输入通道支持前级放大、信号发生器、扩展器、压缩器、5 段参量均衡、AM 自动混音功能、AFC 自适应反馈消除、AEC 回声消除、ANC 噪声消除；输出通道支持 31 段参量均衡器、延时器、分频器、高低通滤波器、限幅器；配置双向 RS-232 接口，可用于控制外部设备；配置 RS-485 接口，可实现自动摄像跟踪功能；支持 iOS、iPad、Android 的手机 / 平板 APP 进行操作控制

续表 8-9

序号	设备名称	数量	单位	主要技术规格
8	均衡器	1	台	专业级 31 段立体声图形均衡器；输入 / 输出通道：2；接口 XLR 和 TRS；频率反应：20Hz ~ 20kHz（±0.5dB），10Hz ~ 40kHz（+0/-3dB）
9	效果器	1	台	—
10	调音台	1	台	输入通道：单声道 16 路，立体声 4 组，话筒接口幻象电源 +48V；输出通道：2 路主输出，4 路编组输出，2 路辅助输出，2 路 CD/TAPE 输出，2 路效果输出，1 路立体声耳机输出；频率响应：20Hz ~ 20kHz ±0.5dB
11	DVD 播放器	1	台	—
12	一拖二手持式无线话筒	1	套	采用 UHF 超高频段双真分集接收，并采用 DPLL 数字锁相环多信道频率合成技术；一台主机和两个无线手持话筒
13	一拖二头戴式无线话筒	1	套	采用 UHF 超高频段双真分集接收，并采用 DPLL 数字锁相环多信道频率合成技术；一台主机和两个头戴话筒
14	天线分配器	1	台	提供 4 台自动选讯接收机的多频道系统共用一对天线
15	对数指向性天线和无线放大器	1	台	宽频定向天线 680 ~ 960MHz；适用于 GSM、CDMA、WCDMA、WLAN、LTE 网络；频带范围 680 ~ 960MHz；标配两根 25m、50Ω 同轴线
16	音频线	75	m	暂估
17	电源时序器	2	台	8 通道电源时序打开 / 关闭；远程控制（上电 +24V 直流信号）8 通道电源时序打开 / 关闭—当电源开关锁处于 OFF 位置时有效；单个通道最大负载功率 2 200W，所有通道负载总功率达 6 000W
三、会议辅助子系统				
1	会议系统主机	1	台	具有四种会议模式：FFIO（先进先出模式）；NORMAL（普通模式）；FREE（自由模式）；APPLY（申请发言）；发言人数限制功能：发言单元数量 1、2、4、6 可调，主席单元不受限制；"手拉手"电缆串接模式
2	主席单元	1	台	单元由系统主机供电，输入电压 24V 为安全范围，采用 8 芯线 "T" 型连接；具有两组 3.5mm 立体声输出插座，可做录音及连接耳机用；内置高保真扬声器，并具有音量调节，具有抑制啸叫功能；具有讨论发言 / 自动视像跟踪功能；可以进行会议表决、选举及会议评估
3	代表单元	6	台	单元由系统主机供电，输入电压 24V 为安全范围，采用 8 芯线 "T" 型连接；具有两组 3.5mm 立体声输出插座，可做录音及连接耳机用；内置高保真扬声器，并具有音量调节，具有抑制啸叫功能，当话筒打开时，内置的扬声器会自动关闭；具有讨论发言 / 自动视像跟踪功能；可以进行会议表决、选举及会议评估

续表 8–9

序号	设备名称	数量	单位	主要技术规格
4	抑制器	1	台	全新自适应算法，无须进行调试，精准可靠使用简单，能使系统增益提升 9 ~ 15dB；内置压限功能，可使信号输入在大动态的情况下仍能保持高保真的信号输出；线路支持莲花座、卡侬座、无线话筒输入接口，莲花座、卡侬座输出接口
5	会议专用地面插座	1	个	采用铝合金材料；防锈处理
6	无纸化多媒体终端	7	台	正面 10"；屏幕可升降；CPU，双核 1.8GHz 主频；千兆网络接口 ×2；分辨率：1 366 × 768 或 1 920 × 1 080
7	24 口交换机	1	台	交换容量：≥ 336Gbps；转发性能：≥ 96Mpps；端口数量：≥ 24 个 10/100/1 000Base–T 自适应以太网端口，4 个千兆万兆 SFP+ 口
8	无纸化系统主机	1	台	i7–6700，2 × 8GB，nECC，2TB，SATA，DVDRW
四、集中控制				
1	中控主机	1	台	采用最新 32 位内嵌式处理器，处理速度最高可达 533MHz；全面支持远程网络控制，内建网络接口，支持网络级联，支持 iPad/iPhone 手持终端，通过 Wi-Fi 与主机通信；iPad/iPhone 手持终端编程全面兼容传统触屏编程方式；8 路独立可编程 RS–232 控制接口，可以收发 RS232、RS485、Rs422 格式数据
2	管理平台控制软件	1	套	触摸屏界面设计器、控制逻辑编程器、主机管理系统、PC 控制系统及 PC 控制界面设计器
3	无线路由器	1	台	频率范围，单频（2.4GHz）；最高传输速率 300Mbps；1 根内置 2 根外置天线
4	电力管理控制模块	1	台	8 路独立电源开关控制；载入容量，单路电流 20A；通过独立的网络协议控制单路或多路开关
5	8 芯会议控制线	40	m	暂估
6	热镀锌钢管	300	m	SC25；暂估
7	热镀锌钢管	100	m	SC32；暂估

8.10.1 统计依据

该工程按照会议系统平面图见图 5–46，系统图见图 5–48。

8.10.2 重点解析

1）按照会议系统的视频显示、音频扩声、会议辅助三个子系统，并结合集中控制，分四部分列写。

2）视频显示子系统：按图计入屏幕、多功能插座、高清摄像机数量，并针对 42 块拼接屏配套设置 1 套支架；LED 屏配合接口需设置发送盒和接收卡，发送盒采用一拖四，带 4 张发送卡，共计 42 块屏，故需 11 台发送盒，接收卡对应每个屏幕设置一处，共计 42 个；

单独设置一个主控卡；本系统由中央控制主机进行管理；高清混合矩阵对视频信号的输入和输出进行管理，针对 42 个显示屏需要采用 2 台矩阵；针对显示屏线路过长，每个显示屏都设置一对 HDMI 双绞线传输收发器；根据图纸计算出相关线缆长度，并在控制室内设 1 台 19″ 标准柜用于放置各子系统设备，配合用电功率设置 3 台电源时序器。

3）音频扩声子系统：按图计入 600W 音箱、300W 音箱、监听音箱，并配合安装计入音箱支架；按图中每个功放后接 2 个音箱，分别匹配 2 个 600W 音箱和 2 个 300W 音箱功率计入大规格功率放大器 3 台，小规格功率放大器 1 台；按进线出线数量选定 1 台 8 进 8 出音频处理器；为达到更好的音效设置 1 台均衡器和 1 台效果器；按进线出线数量选定 1 台调音台；音源端根据实际情况配有 DVD 播放器、一拖二手持式无线话筒、一拖二头戴式无线话筒、天线分配器、对数指向性天线和无线放大器。

4）会议辅助子系统：该系统由 1 台会议主机和 1 台无纸化系统主机进行管理；按图计入主席单元、代表单元、会议专用地面插座、无纸化多媒体终端；设置 1 台抑制器，用于保证会议主机接入音频系统调音台时的音质；无纸化系统主机通过交换机接入无纸化多媒体终端，其按接线数量计算。

5）集中控制：设 1 台中控系统主机，通过六类非屏蔽双绞线与各子系统主机、显示屏、摄像机相连，以实现管理功能；并针对主机配套设置管理平台，同时通过电力管理控制模块为相关设备供电，以管理设备的开关；在主机上连接无线路由器，可实现手机、平板计算机、计算机的多种控制与互联。另外，根据图纸计算出各子系统相关线缆长度。

因各厂家产品差异，设备材料项目也会出现一定差异。

8.11　酒店客房控制系统

酒店客房控制系统设备材料表见表 8–10。

表 8–10　酒店客房控制系统设备材料表

序号	设备名称	数量	单位	主要技术规格
1	RCU 智能控制器	28	块	27 回路强电输出板（18 回路灯光控制、4 路窗帘控制、5 路空调控制），34 路弱电输入，18 路弱电输出；带 TCP/IP 协议的标准以太网接口，速度可达 100Mbps
2	RCU 机箱	28	个	参考尺寸：325mm × 400mm × 80mm
3	取电开关	28	个	用于房间插卡取电，必须用酒店门锁系统发出的卡才能取电，名片 / 纸片 / 银行卡均无法取电；在酒店客控软件后台可查看到房间的取电状态，能识别卡片的身份信息（如客人卡，服务员卡，经理卡等）
4	多功能房号指示牌	28	个	具有门铃按键 / 请勿打扰显示功能
5	总控开关	28	个	床头开关面板
6	双联开关	112	个	床头开关面板

续表 8–10

序号	设备名称	数量	单位	主要技术规格
7	三联开关	56	个	门廊开关面板 / 卫生间开关面板
8	温控开关	28	个	用于控制房间空调，分为制冷 / 制热两种工作模式；高 / 中 / 低三挡风速调节；自动 / 手动两种运行模式（分为液晶 / 数码显示两种）
9	门磁开关	84	对	大门与衣柜门处安装。大门处的用于控制房间走廊灯，当客人打开房门时，无须插卡取电，房间走廊灯会自动开启，方便客人插卡取电；同时在客控软件后台可通过门磁来监测房门的开关状态。衣柜门处的用于控制衣柜灯
10	红外感应器	28	个	用于控制卫生间灯及排气扇，客人进入时自动开启，离开时自动关闭
11	门铃	28	个	安装在吊顶
12	紧急报警按钮	28	个	客人发生意外时，按下此开关可经过客控软件将此信息传达到客房中心，便于给客人提供最及时的帮助
13	智能客控系统软件	1	套	配套提供
14	中控计算机	1	台	i7-6700，$2 \times 8GB$
15	六类非屏蔽双绞线	3 136	m	暂估
16	镀锌钢管	3 136	m	JDG25；暂估

8.11.1 统计依据

客控系统整体架构采用综合布线系统，详见图 5–16，共计 28 间客房。每间客房布置平面图见图 5–49，系统图见图 5–50。

8.11.2 重点解析

1）RCU 智能控制器：因采用综合布线架构，所以需明确带有 TCP/IP 协议接口，且需要明确满足百兆网的要求；系统图中强电共计 19 路（灯光 12 路、插座 2 路、空调 5 路），弱电 15 路，技术规格中需要保证各回路数在此数量以上。

2）RCU 机箱：用于放置 RCU 智能控制器的箱体，数量与 RCU 数量相同。

3）各类末端开关面板按照不同的房型依据实际数量统计得到。

4）最后计入系统主机、软件、管线。

8.12 视频监控系统

视频监控系统设备材料表见表 8–11。

表 8-11 视频监控系统设备材料表

序号	设备名称	数量	单位	主要技术规格
一、室内				
1	彩色半球摄像机	140	台	1 920×1 080，200 万像素，POE 供电，视频压缩标准 H.265/H.264；红外补光；多模式侦测，离开区域侦测红外照射距离最远可达 30m；防护等级 IP67
2	一体化球形摄像机（含支架）	2	台	1 920×1 080，200 万像素，POE 供电，光学变焦不小于 10 倍，视频压缩标准 H.265/H.264
3	彩色枪式摄像机（含支架）	18	台	1 920×1 080，200 万像素，POE 供电，视频压缩标准 H.265/H.264；红外补光；多模式侦测，离开区域侦测红外照射距离最远可达 30m；防护等级 IP67
4	电梯半球摄像机	4	台	1 920×1 080，200 万像素，POE 供电，视频压缩标准：H.265/H.264
二、室外				
1	室外一体化球形摄像机	18	台	1 920×1 080，200 万像素，光学变焦不小于 18 倍，视频压缩标准：H.265/H.264；红外补光；多模式侦测，离开区域侦测红外照射距离最远可达 30m；防护等级 IP67
2	立杆	9	个	3.5m 高。含地笼基础；直径 114mm 以上，壁厚 4.0mm 以上；整根杆（含基础）及其上配件应能抗 8 级以上风力；连接螺栓、螺母、垫圈等钢铁件采用镀锌处理，立杆表面为喷塑处理；预埋件尺寸不小于 0.3m×0.3m×0.6m 灌浇水泥尺寸不小于 0.4m×0.4m×0.6m
3	室外带云台一体化球形摄像机	1	台	1 920×1 080，200 万像素，光学变焦不小于 18 倍，视频压缩标准：H.265/H.264；红外补光；多模式侦测，离开区域侦测红外照射距离最远可达 30m；防护等级 IP67
4	立杆	1	个	6m 高。含地笼基础；直径 114mm 以上，壁厚 4.0mm 以上；整根杆（含基础）及其上配件应能抗 8 级以上风力；连接螺栓、螺母、垫圈等钢铁件采用镀锌处理，立杆表面为喷塑处理；预埋件尺寸不小于 0.3m×0.3m×0.6m 灌浇水泥尺寸不小于 0.4m×0.4m×0.6m
5	防雷器	19	个	IP66，防雷、防浪涌和防突波保护，符合 GB/T 17626.5 的 4 级标准；采用多级保护电路，残压低限制电压低、通流容量大响应时间快
6	人孔井	8	套	800mm×800mm
7	手井	2	套	600mm×600mm
8	室外汇聚箱	3	台	600mm×800mm
9	室外光缆	300	m	6 芯多模光纤，全截面阻水结构，松套管填充特种油膏，确保良好的阻水防潮性能，铠装；暂估

续表 8–11

序号	设备名称	数量	单位	主要技术规格
10	镀锌钢管	1 320	m	SC50；暂估
三、安防控制室				
1	24 口 POE 接入交换机	20	台	交换容量：≥336Gbps；转发性能：≥96Mpps；端口数量：≥24 个 10/100/1 000Base-T 自适应以太网端口，4 个千兆万兆 SFP+ 口；支持 POE，POE+
2	千兆多模光模块	40	台	光模块 –SFP–GE– 多模模块 –（850nm，0.55km，LC）
3	核心交换机	1	台	交换容量：≥19.2Tbps；转发性能：≥2 880Mpps；业务插槽数：≥3；冗余设计：电源、主控冗余
4	核心交换机引擎	2	块	Flash，1GB；SDRAM（DDR3），4GB；4 个网管口（2 个 10/100/1 000Base-T 接口和 2 个 SFP 接口）；1 个 USB 接口
5	核心交换机电源	2	块	交流电源模块功率：650W
6	24 端口光口板	1	块	24 端口千兆以太网光口（SFP，LC）；4 端口万兆以太网光接口模块（SFP+，LC）
7	24 端口电口板	1	块	24 端口千兆以太网电接口（RJ45）；4 端口万兆以太网光接口模块（SFP+，LC）
8	万兆多模光模块	1	台	SFP+ 万兆模块（850nm，300m，LC）
9	控制主机	1	台	i7，8G，1T，GT730，2G，DVDRW，22"
10	中心管理服务器	1	台	4 核，4GB 内存，8MB 缓存，SQL 数据库软件
11	流媒体服务器	1	台	4 核，4GB 内存，8MB 缓存
12	网络存储服务器	4	台	32 路
13	监控硬盘	100	台	4T 企业级
14	高清解码器	9	台	2×2/3×3/4×4/4/6/8/9/13/16 画面分割显示，16 路输出
15	拼接屏支架	1	套	3×3，支架采用优质冷轧钢板材质，结构强度稳定；采用专用调节机构，实现大屏安装方便，调节简单安全
16	55"LCD 拼接屏	9	台	LCD 显示单元为 55" 超窄边液晶屏；物理分辨率达到 1 920×1 080，物理拼缝≤3.5mm，响应时间≤8ms；输入接口：VGA×1，DVI×1，BNC×1，YPbPr×1，HDMI×1，USB×1
17	视频安全核心网关	1	套	4 套防泄密客户端软件；支持主备切换；支持 100 个（4M 码流带宽）网络摄像头；线速处理码流带宽：400M；高可靠性硬件平台；冗余双电源；企业级硬盘
18	操作台	1	台	6 联
19	监控键盘	1	台	—

8.12.1 统计依据

本工程按照有线网、无线网、运营网、安防网组成的四套网络构成，视频监控系统纳入安防网见图 6-19，室外安防的平面图见图 6-24、系统图见图 6-25，安防控制室见图 7-15。

综合布线系统中已计入相关的布线系统设备，如配线架、理线器、六类非屏蔽双绞线、弱电间机柜等。视频监控系统中还需考虑室外光缆、接入层交换机及主机房相关设备。

8.12.2 重点解析

1）因视频监控设备较多，故按照位置将材料表分为室内、室外、安防控制室三部分分别统计。

2）室内：按照系统图分别计入彩色半球摄像机、一体化球形摄像机、彩色枪式摄像机、电梯半球形摄像机的数量；考虑到球机和枪机无法吸顶安装，故需注明含支架；摄像机需注明分辨率 1 920×1 080，像素 200 万，POE 供电等重要信息。

3）室外：按照室外安防平面图和系统图分别计入室外一体化球形摄像机、室外带云台一体化球形摄像机、对应摄像机使用的两种立杆、人孔井、手孔井、室外汇聚箱；室外摄像机一对一设置防雷器；计入综合布线系统未涵盖的室外光缆及配管。

4）安防控制室：安防网各弱电间的交换机及对应的光模块计入安防控制室内，且因交换机需要为摄像机供电，所以采用 POE 交换机；图 6-19 中安防网按照单核心设计，计入核心交换机、引擎、电源、光口板、电口板、万兆多模光模块等，且不需要连接外部市政通信网络，所以不需要设置路由器主机；因视频监控系统需要人员监控和数据存储，所以设有控制主机、中心管理服务器、流媒体服务器、网络存储服务器、监控硬盘；为控制室内值班人员监控提供画面，需设置拼接屏，该工程采用 3×3 块 55″ LCD 拼接屏，并按照每块屏一对一设置高清解码器，可将每块屏分割为 16 路画面，同时设置 3×3 拼接屏支架；考虑人员通过外部设备查看视频数据的网络安全，还设有视频安全核心网关；为值班人员操控摄像机、大屏幕等设备，配有操作台、监控键盘。

5）摄像机数据存储计算：单路实时视频的存储容量（GB）=［视频码流大小（Mb）×60 秒×60 分×24 小时×存储天数/8］/1 024；一路 1 920×1 080，H.265，2Mbps 的视频图像在 30 天需要 648GB，60 天需要 1 296GB、90 天需要 1 944GB，在《安全防范工程技术标准》GB 50348-2018 中要求重点区域视频监控保留 90 天，故通常按照满配考虑，可按每个摄像机需要 2TB 硬盘存储空间计算。本工程共 183 个摄像机，每个摄像机按 1 920×1 080 高清计算需要 2TB 存储设备，故共需 366TB 存储，每个硬盘采用 4TB 规格，故需 91 块，考虑一定的余量，共计 100 块 4TB 硬盘。

8.13 门禁系统

门禁系统设备材料表见表 8-12。

表 8-12　门禁系统设备材料表

序号	设备名称	数量	单位	主要技术规格
1	读卡器	46	套	频率范围：远距离门禁采用 900MHz 无源卡或 2.4G 有源卡及读写设备；电源 12～24V；射频功率 1W（30dBm）；无线端口 4 个 TNC 接头；外部接口 RS-442/485、Wiegand、Ethernet（RJ45）、RS-232、Wi-Fi；额定功率 ≤ 30W
2	出门按钮	46	个	常开，常闭
3	磁力锁	46	个	开启次数大于 50 万次，适用于木门、金属门、防火门
4	二门控制器	7	台	二门控制器，存储容量 2 500 张，脱机容量 4 000 条，工作电压 DC12V ± 5%
5	四门控制器	10	台	四门控制器，存储容量 2 500 张，脱机容量 4 000 条，工作电压 DC12V ± 5%
6	门禁管理软件	1	套	支持单机版/网络版；支持与控制器串口通信或 TCP/IP 通信；通过服务器可远程监控控制器的运行状态；可设置每张感应卡的生效日期和有效日期；可对每一张感应卡进行"卡片禁止、挂失"操作，并自动下发给各控制器；用户可在任何时候将挂失的卡片进行解挂处理；开门时间：1～255s；开门超时报警：1～255s；可根据预先设定的自动开门时间，将指定的门区打开或关闭；可设置门的工作模式为自动控制、永远开门或永远关门；可通过 Web 查询进出记录；支持数据库自动整理
7	主机	1	台	i5，4G，500G
8	发卡器	1	台	频率范围：远距离门禁采用 900MHz 无源卡或 2.4G 有源卡（包括手环）及读写设备；电源 12～24V；射频功率 1W（30dBm）；无线端口 4 个 TNC 接头；外部接口 RS-442/485、Wiegand、Ethernet（RJ45）、RS-232、Wi-Fi；额定功率 ≤ 30W
9	门禁卡	100	张	IC 卡
10	信号线	3 000	m	RVVP-6 × 1.0
11	信号线	3 000	m	RVV-2 × 1.0
12	信号线	3 000	m	RVV-4 × 1.0
13	镀锌钢管	9 000	m	JDG25

8.13.1　统计依据

本工程按照有线网、无线网、运营网、安防网组成的四套网络构成，门禁系统纳入安防网，见图 6-19。

综合布线系统和视频监控系统中已计入相关的布线系统和交换机设备，如配线架、理线器、六类非屏蔽双绞线、弱电间机柜、接入层交换机等。

8.13.2 重点解析

1）按系统图计入读卡器、出门按钮、磁力锁数量。

2）门禁控制器规格及数量，根据其后所带末端数量计算得到，如 2 个磁力锁以内，用 1 个二门控制器，4 个磁力锁以内，用 1 个四门控制器。

3）安防控制室内设置 1 台主机、1 套管理软件、1 台发卡器、根据建筑规模提供 100 张 IC 卡。其中发开启和读卡器的技术参数需对应。另外，因门禁控制器前端六类非屏蔽双绞线已计入综合布线系统，此处仅需计入其后部线路及配管。

8.14 停车库管理系统

停车库管理系统设备材料表见表 8–13。

表 8–13 停车库管理系统设备材料表

序号	设备名称	数量	单位	主要技术规格
一、出入口控制				
1	数字智能挡车器（折臂）	2	台	机身采用防水、防潮、防尘、防锈设计；内置遥控接收装置和天线，可使用遥控器开、关闸；具备防砸车保护功能
2	车辆检测器	4	台	—
3	地感线圈	28	m	—
4	出入口控制器	2	套	机身采用防水、防潮、防尘、防锈设计；镀锌＋喷漆工艺加强防锈；可脱机、联网工作，长期卡支持白名单机制脱机认证，硬件计费模式，通过纸票中数据，出口控制机无须收费计算机支持即可完成临时用户计费功能；实现防跟车、防倒车以及流量通行功能；双行汉字显示，高亮双行 LED 点阵显示屏，显示时间日期，收费金额等内容；高清语音芯片，大容量语音存储芯片，可自定义语音内容，智能同步显示屏内容，实时同步提示显示内容
5	出入口一体化高清抓拍机	2	套	含补光灯，信息显示屏，语音提示；工作电压 50Hz 交流 220V；通信端口 TCP/IP；通信速率 115 200bps；车辆通行速度 ≤ 200km/h；拍摄图像大小 768 像素 ×576 像素；拍摄图像灰度等级 256 级；车牌图像格式 JPEG；平均无故障运行时间 ≥ 20 000h；平均识别时间 ≤ 0.3s；整牌识别率 ≥ 95%；汉字、字母、数字、颜色单项识别率 ≥ 98%
6	系统电源及控制箱	2	套	—
7	摄像机安装立柱	2	根	6
8	岗亭	1	套	1 800mm × 1 000mm × 2 000mm

续表 8–13

序号	设备名称	数量	单位	主要技术规格
二、车位引导				
1	车位识别摄像机	6	台	每台摄像机监控 1 个车位，TCP/IP 数字信号传输，130 万高清像素，适用于低照度车场，采用 3D 降噪技术，并具有高亮度低功耗 LED 红/绿/蓝三色指示灯，工业级一体式设计
2	车位识别摄像机	5	台	每台摄像机监控 2 个车位，TCP/IP 数字信号传输，130 万高清像素，适用于低照度车场，采用 3D 降噪技术，并具有高亮度低功耗 LED 红/绿/蓝三色指示灯，工业级一体式设计
3	车位识别摄像机	5	台	每台摄像机监控 3 个车位，TCP/IP 数字信号传输，130 万高清像素，适用于低照度车场，采用 3D 降噪技术，并具有高亮度低功耗 LED 红/绿/蓝三色指示灯，工业级一体式设计
4	入口剩余车位总数大显示屏	1	块	安装在地面入口附近，分别显示地下各层总剩余车位信息
5	立式查询终端	6	台	—
6	室内单向引导屏	2	块	带方向和车位数量显示
7	室内双向引导屏	4	块	带方向和车位数量显示
三、安防控制室				
1	管理计算机	2	台	i5，4G，500G
2	车牌识别管理平台	1	套	车牌识别：车牌的识别采用车牌自动识别器技术，可实现全天候工作；车位引导，车辆出入数据存储归档；车牌查询；车流统计生成统计报表；打印数据清单或查询结果清单；黑名单车辆实时报警功能
3	软件狗	2	个	—
4	绝缘电线	100	m	WDZ–BYJ–3×2.5；暂估
5	道闸线	200	m	RVVP–4×1.0；暂估
6	电源线	400	m	RVV–3×1.5；暂估
7	信号线	2 200	m	RVVSP–2×1.0；暂估
8	热镀锌钢管	2 500	m	JDG25；暂估

8.14.1 统计依据

本工程停车库管理系统已在安防网系统图中体现，见图 6–19 中的 "AF–B1–C1" 机柜和图 6–20。

综合布线系统和视频监控系统中已计入相关的布线系统和交换机设备，如配线架、理线器、六类非屏蔽双绞线、弱电间机柜、接入层交换机等。

8.14.2 重点解析

1）因停车库管理系统设备较多，故按照位置将材料表分为出入口控制、车位引导、安防控制室三部分分别统计。

2）出入口控制：根据系统图一进一出，计入挡车器、检测器（每处 2 个）、出入口控制器、出入口一体化高清抓拍机、配套立杆、系统电源及控制箱、岗亭（仅出口处设置）。

3）车位引导：按照系统图计入相关设备数量。

4）安防控制室：计入 2 台管理计算机（其中 1 台为岗亭使用），并配套设置 2 个软件狗，1 套车牌识别管理平台。另外，按图纸实际工程量计入各部分管线。

8.15 入侵报警系统

入侵报警系统设备材料表见表 8-14。

表 8-14 入侵报警系统设备材料表

序号	设备名称	数量	单位	主要技术规格
一、室内				
1	被动红外探测器	15	个	体型识别技术；抗白光干扰及防误报；探测距离 12m；探测角度 25°；安装高度 1.8～2.4m
2	双鉴探测器	9	个	被动红外和微波技术；体型识别技术；抗白光干扰及防误报；动态分析处理技术，微波处理技术，360°全方位；探测距离 12m
3	玻璃破碎探测器	2	个	针对空气压力和声音变化双探测；灵敏度可调；抗射频干扰；探测距离 9m
4	脚挑开关	4	个	ABS 防火阻燃，常开，常闭
5	紧急报警按钮	4	个	ABS 防火阻燃，常开，常闭
6	地址模块	34	个	常规触点的输入回路与控制主机的多路复用总线相连
7	防区模块箱	12	个	—
二、室外				
1	主动红外收发器	7	对	双光束主动红外；红外距离 60m；24h 最大触警次数 ≤ 50 次；IP65
2	地址模块	7	个	常规触点的输入回路与控制主机的多路复用总线相连
3	室外防区模块箱	1	个	—
三、安防控制室				
1	报警主机	1	台	采用两线总线制地址码方式代替传统的分线回路模式，可扩展至 248 个防区（112 个无线防区）；所有功能和参数都可编程设置和自由修改 200 个用户码、400 个事件记录、240 个防区可任意分为 8 个分区
2	控制键盘	1	个	可调节音量和显示屏，允许编程的紧急按键，3 个可编程的紧急按键

续表 8-14

序号	设备名称	数量	单位	主要技术规格
3	通信模块	1	个	RS-232/USB 连接；与远程编程软件（RPS）直接连；诊断发光二极管（LED）；用于地址和总线编程的 DIP 拨码开关
4	管理软件	1	套	200 用户
5	管理主机	1	台	i5，8G，2TB
6	信号总线	500	m	RVVSP-2×1.0；暂估
7	报警线缆	2 100	m	RVV-2×1.0；暂估
8	报警线缆	540	m	RVV-4×1.0；暂估
9	镀锌钢管	2 640	m	JDG25；暂估

8.15.1 统计依据

本工程入侵报警系统图见图 6-21，周界防护系统的平面图见图 6-24，系统图见图 6-26。

8.15.2 重点解析

1）入侵报警系统既包括室内设备，又包括室外设备（周界防护系统），故按照位置将材料表分为室内、室外、安防控制室三部分分别统计。

2）室内：按照系统图计入各末端设备数量；每个末端设备一对一配置地址模块，以确定报警地址；弱电间内设的楼层报警箱按实际数量计入防区模块箱。

3）室外（周界防护系统）：按照系统图计入末端设备数量，主动红外收发器成对计入，并在参数中写明其采用几光束，通常分双光束、四光束、六光束等，并写明红外光束距离、防护等级。

4）安防控制室：计入报警主机、控制键盘、通信模块、管理软件、管理主机。另外，按图纸实际工程量计入各部分管线。

8.16 无障碍报警系统

无障碍报警系统设备材料表见表 8-15。

表 8-15 无障碍报警系统设备材料表

序号	设备名称	数量	单位	主要技术规格
1	求助按钮	1	个	带有残疾人标识、按钮标志、"求助"的盲文触点
2	复位按钮	1	个	带有残疾人标识、"复位"的汉字显示
3	声光报警装置	1	个	红灯闪烁频率为 0.5s，语音报警音频额定输出功率为 2W，语音内容可以按场所需求调整设置
4	控制器	1	个	包括检测求助和复位信号功能，金属外壳，电压 DC24V

续表 8–15

序号	设备名称	数量	单位	主要技术规格
5	监控主机	1	台	含 RS485–RS232 转换器，中央监控软件 Windows 中文操作平台，32 位色以上显示分辨率；最大监控数不少于 128 个；具备显示能力，对出现事故的场所编号进行显示；具备事件记录、导出功能；数据支持断电保护；具备事件调整设置；可存储 1 000 条以上事故报警记录
6	信号线	160	m	RVV4 × 1.0；暂估
7	信号线	120	m	RVV2 × 1.0；暂估
8	镀锌钢管	280	m	JDG25；暂估

8.16.1 统计依据

本工程无障碍报警系统在入侵报警系统图中体现，见图 6–21。

8.16.2 重点解析

按照系统图计入末端设备，安防控制室设监控主机，按实际工程量计入管线。

8.17 电子巡更系统

电子巡更系统设备材料表见表 8–16。

表 8–16 电子巡更系统设备材料表

序号	设备名称	数量	单位	主要技术规格
1	巡更点	30	个	不锈钢材质
2	巡更棒	15	个	金属外壳；内存 4M Flash 1 万条数据（可扩展）；供电采用 5 号电池大小的 3.6V 电池
3	通信底座	2	个	USB 口通信，GB 9600B/S 高速传输，附带数据线一条
4	管理计算机	1	台	i5, 4G, 500G
5	巡更软件	1	套	配套提供

8.17.1 统计依据

本工程电子巡更系统在入侵报警系统图中体现，见图 6–21。

8.17.2 重点解析

1）按系统图计入巡更点数量。

2）根据保安人数配置巡更棒数量。

3）安防控制室设置管理计算机、配套软件、通信底座。通信底座用于与巡更棒通信传输数据到管理计算机，因保安人数较少，故只设置2个通信底座。

8.18　无线对讲系统

无线对讲系统设备材料表见表8–17。

表 8–17　无线对讲系统设备材料表

序号	设备名称	数量	单位	主要技术规格
1	对讲管理主机	1	台	管理主机，工作频段：400 ~ 430MHz（UHF），信道容量：1 000，信道间隔：12.5，25kHz
2	信道机	5	台	可灵活选择最适合其业务需要的频段和功率级别，也可以混合使用两种频段以定制双向或跨频段转发台；基本参数：VHF、UHF；频宽：136 ~ 174MHz、400 ~ 430MHz；频道间隔：12.5/20/25kHz可转换；输出功率：40W；频道容量：128；发射机：VHF、UHF
3	定向耦合合路组件	1	个	6路信道机合路
4	接收机多路耦合器	1	个	6路信道机合路
5	双工器	1	对	—
6	耦合器	12	个	耦合度 –5 ~ –20dB
7	室内天线	12	副	吸盘天线，工作频段支持 150/350/450MHz 段，室内宽频全向吸顶天线，最大输入功率：50W，增益 3dB
8	对讲机	30	台	发射功率 4W 或 5W，配备锂电池不小于 1 500mA，其型号必须是无线电管理局认可产品。 对讲机须是手持式无线接收型，工作频率属于开放式频道，频道最少 16 个。工作频率范围及频道间隔必须与基地台及中继台发射频道对应或一致。频道间隔可为双频道 12.5/25 kHz 式，任何情况下都可以灵活地转换信道间隔频道
9	主干同轴电缆	140	m	7/8 馈线；暂估
10	分支同轴电缆	240	m	1/2 馈线；暂估
11	镀锌钢管	380	m	JDG32；暂估

8.18.1　统计依据

无线对讲系统以图 6–22 为例进行统计。

8.18.2　重点解析

1）安防控制室设管理主机。信道机作为信源设备，其一台可以支持 2 个信道并实现同时在线，故其数量根据需要同时在线的通信数量确定，本工程因运营及保安人数较少，故设 5 台即可满足使用需求。定向耦合合路组件和接收机多路耦合器都选用 6 路信道机进行合路，该工程设计 5 台信道机，故定向耦合合路组件和接收机多路耦合器各设置 1 台。双工器对应合路器设置 1 对。

2）按系统图计入耦合器、室内天线，并按实际工程量计入管线。

3）对讲机结合运营、保安、物业等建筑管理人员数量计入。

8.19 可视对讲系统

可视对讲系统设备材料表见表 8-18。

表 8-18 可视对讲系统设备材料表

序号	设备名称	数量	单位	主要技术规格
1	单元门口主机	1	台	7" 彩色液晶屏；TCP/IP 网络传输；高清摄像头；输入电源 DC12V；支持云对讲，呼叫管理中心，门禁控制，电梯联动
2	室外围墙机	2	台	2.8" 点阵屏；TCP/IP 网络传输；高清摄像头；输入电源 DC12V；支持云对讲，呼叫管理中心，门禁控制，电梯联动
3	室内分机	106	台	10" 彩色液晶屏；TCP/IP 网络传输；输入电源 DC12V
4	分级电源	109	个	输入电压 AC220V，50Hz；输出电压 DC12V/1.5A
5	紧急求助报警按钮	114	个	—
6	门铃	114	个	—
7	读卡器	1	套	频率范围：远距离门禁采用 900MHz 无源卡或 2.4G 有源卡及读写设备；电源：12～24V；射频功率：1W（30dBm）；无线端口：4 个 TNC 接头；外部接口：RS-442/485、Wiegand、Ethernet（RJ45）、RS-232、Wi-Fi；额定功率：≤ 30W
8	出门按钮	3	个	常开，常闭
9	磁力锁	3	个	开启次数大于 50 万次，适用于木门、金属门、防火门
10	二门控制器	3	台	二门控制器，存储容量 2 500 张，脱机容量 4 000 条，工作电压 12VDC ± 5%
11	信号线	60	m	RVVP-6×1.0
12	信号线	200	m	RVV-2×1.0
13	信号线	200	m	RVV-4×1.0
14	六类非屏蔽双绞线	6 060	m	暂估
15	室内 6 芯多模光缆	300	m	暂估；OM3 室内多模 OFNR，6 芯
16	24 口六类配线架	3	个	符合 ISO/IEC 11801：2002 的要求
17	理线器	3	个	塑料理线器，适合六类系统理线

续表 8-18

序号	设备名称	数量	单位	主要技术规格
18	六类非屏蔽跳线	228	条	符合 ISO/IEC 11801：2002 的要求；长度：2m
19	多模尾纤	6	根	LC OM3 多模尾纤 1.0m
20	多模双工跳线	3	条	LC-LC OM3 双工多模光跳线 2m
21	弱电间机柜	1	台	19" 标准柜，参考尺寸：600mm×600mm×2 000mm
22	多模双工跳线	3	条	LC-LC OM3 双工多模光跳线 2m
23	24 口光纤配线架	1	个	1U 高密度光纤配线空箱，最高满配 72 芯 LC
24	管理计算机	1	台	i5，4G，500G
25	管理中心机	1	台	7" 触摸屏，6 个快捷按键，中文显示界面、操作简单，智能全触摸式接触；对系统内终端设备进行设置及管理；对同级的寻呼话筒和下级的所有呼叫终端进行广播喊话；内置扬声器，可以呼叫、被呼叫实现双向对话，并显示终端视频图像、监听、监视系统终端；带有 2 路短路输出口，可以控制一些外围设备如外接的警灯、警号等；有以太网的地方即可接入，跨网段、跨路由
26	管理软件	1	套	配套提供
27	管理电源	1	台	—
28	IC 卡	350	张	每户 3 张，按需求增加
29	支路管线	588	m	RVV-2×1.0mm²；暂估
30	镀锌钢管	7 108	m	JDG25；暂估

8.19.1　统计依据

可视对讲系统通常出现在住宅项目中，以图 6-23 为例进行设备清单统计。

8.19.2　重点解析

1）末端设备按系统图中数量计入。表 8-18 中第 1～6 项是可视对讲系统末端，第 7～13 项是门禁系统末端（统计方法可参看门禁系统部分），第 14～23 项是综合布线设备（统计方法可参看综合布线系统部分）。

2）计入管理计算机、主机、软件、电源。IC 卡按每户 3 张，114 户，考虑预留，共计入 350 张卡。另外，按实际工程量计入管线。

8.20　机房工程

机房工程设备材料表见表 8-19。

表 8-19 机房工程系统设备材料表

序号	设备名称	数量	单位	主要技术规格
一、机房装修				
A	地面工程			
1	找平层 1:3 水泥砂浆	97	m²	32.5# 水泥 1:3 水泥砂浆找平压光
2	抗静电活动地板	97	m²	规格：600mm×600mm；敷设高度 300mm；陶瓷贴面，板芯为高密度刨花板芯，底层铝箔贴面；集中荷载 2 950N/m²；极限集中荷载 ≥ 8 850N
3	原有楼面刷防尘漆	97	m²	—
4	不锈钢踢脚	85	m	60mm 高 1mm 厚发纹
5	踏步	4	个	—
6	网络机房 0.7mm 镀锌钢板	21	m²	—
7	安防控制室 0.7mm 镀锌钢板	47	m²	—
8	20mm 橡塑保温棉	20	m²	—
9	防水涂料	20	m²	—
B	墙面工程			
1	墙面抹灰找平	272	m²	—
2	刮腻子	272	m²	—
3	乳胶漆	272	m²	颜色为浅色，与防静电活动地板、天花色调协调；符合《饰面型防火涂料》GB 12441-2002 的技术指标；防火性能一级；每平方米用量不得少于 0.5kg，涂覆 2~3 遍
4	墙面刷防尘漆	272	m²	—
5	20mm 橡塑保温棉	71	m²	—
6	防水涂料	71	m²	—
C	顶面工程			
1	原有顶板刷防尘漆	97	m²	—
2	吊顶龙骨	97	m²	U50
3	铝合金方板	97	m²	规格：600mm×600mm；敷设高度 300mm；金属材质，不助燃，不引燃，防火性能好；板厚：0.7~0.8mm
4	铝合金边角线	85	m	—

续表 8–19

序号	设备名称	数量	单位	主要技术规格
5	20mm 橡塑保温棉	20	m²	—
6	防水涂料	20	m²	—
二、电气工程				
1	格栅灯	20	套	1 200mm × 600mm，3 × 36W，灯具自带蓄电池延时 60min 以上
2	照明开关	5	套	2 个单联、2 个双联、1 个三联
3	安全出口指示灯	1	套	1 × 3W
4	10A 的 5 孔墙面插座	30	套	—
5	工业连接器　16A	10	套	—
6	防雷接地	4	项	—
7	系统管线	1	批	—
8	地面线槽	29	m	SR400 × 100；暂估
9	机柜	4	台	600mm × 800mm × 2 000mm
10	机柜	3	台	600mm × 600mm × 2 000mm
三、配电系统				
1	网络机房 DLP 配电柜	1	台	详见弱电的配电系统图
2	网络机房 UCP 配电柜	1	台	详见弱电的配电系统图
3	安防控制室 DLP 配电柜	1	台	详见弱电的配电系统图
4	安防控制室 UCP 配电柜	1	台	详见弱电的配电系统图
5	楼层 UPS 配电箱	7	台	详见弱电的配电系统图
6	40kV · AUPS	2	台	功率 40kV · A；输入电压 AC 380/400/415V，三相四线；工作频率 50/60Hz；输入功率因数，满载 > 0.99，半载 > 0.98；输入电流谐波（THDi）< 3%；系统效率：50% 以上时 > 96%，25% 以上时 > 95%
7	15kV · AUPS	1	台	功率 15kV · A；输入电压 AC 380/400/415V，三相四线；工作频率 50/60Hz；输入功率因数，满载 > 0.99，半载 > 0.98；输入电流谐波（THDi）< 3%；系统效率：50% 以上时 > 96%，25% 以上时 > 95%

续表 8-19

序号	设备名称	数量	单位	主要技术规格
8	机柜及 UPS 支架	1	批	—
9	电缆	96	m	WDZN-YJY-5×4
10	电缆	120	m	WDZN-YJY-5×6
四、环境监控系统				
1	环境监控主机	1	套	支持 RS232 和 RS485 接口接入；可以扩展支持 SNMP 协议接入智能设备；可以扩展支持第三方设备接入（需定制）；告警通知；提供告警实时通知功能，无人值守；定时提醒用户
2	模块采集箱（地板下安装）	1	个	配套
3	精密空调	1	台	制冷量：30kW；标准风量：5 000 ~ 7 500m³/h；压缩机功率5.5kW，加湿器功率 9.5kW，电加热器 12kW；送风方式：下送风
4	温湿度传感器	1	个	通过 RJ45 接口以 RS-485 支持 MODBUS 协议，进行数据配置和数据采集
5	漏水控制器	1	个	灵敏度范围，挡位 1（0 ~ 250kΩ）、挡位 2（0 ~ 600kΩ）、挡位 3（0 ~ 5MΩ）、挡位 4（0 ~ 50MΩ）；干接点输出；水浸检出时输出短路，告警时输出阻抗＜50Ω，负载电压＜60V，负载电流＜30mA
6	漏水感应绳	5	m	—
7	信号线	42	m	RVVP-2×0.5m²；暂估
8	镀锌钢管	42	m	JDG20；暂估

8.20.1　统计依据

按照本书"第 7 章　详图"相关设计及配图进行统计，其中运营商机房仅按照图7-15 计入，不计入图 7-1 中的运营商机房，不计入弱电间。

8.20.2　重点解析

1）电话网络机房面积为 21m²、周长 20m，有线电视机房面积 20m²、周长 22m，运营商机房面积 9m²、周长 12m，消防安防控制室面积 47m²、周长 31m。各机房吊顶高度均为3.5m。

2）地面工程：根据各机房面积得到前 3 项地面做法面积；根据各机房周长得到不锈钢踢脚长度；4 个机房均采用抗静电活动地板，配合高差设置 4 个踏步；因电视机房位于地下室，需要做地面保温和防水。

3）墙面工程：因吊顶高度 3.5m，且采用静电地板 0.3m，故墙面计算高度为 3.2m；按照墙面实际工程量计入各项；因电视机房位于地下室，需要做墙面保温和防水。

4）顶面工程：根据各机房面积计入各项工程量；因电视机房位于地下室，需要做顶面保温和防水。

5）电气工程：按照图纸计入电气设计相关的灯具、插座、防雷等设备。

6）配电系统：按照配电系统图计入弱电间、电话网络机房、安防控制室的所有智能化配电箱，并计入 UPS 及配套支架。另外，按实际工程量计入管线。

7）环境监控系统：仅需在电话网路机房设置该系统；计入设置在安防控制室内的主机；按照环境监控平面图计入各设备，并按实际工程量计入管线。

8.21　智能化集成系统

智能化集成系统设备材料表见表 8–20。

表 8–20　智能化集成系统设备材料表

序号	设备名称	数量	单位	主要技术规格
1	管理工作站	2	台	i7–6700, 2×8GB, nECC, 2TB, SATA, DVDRW
2	数据服务器	2	台	CPU 频率（MHz）：3.4GHz；CPU 缓存：8MB；内存类型：PC3–12800E DDR3 UDIMM；内存大小：8GB；最大内存容量：32G；硬盘大小：1×500GB HP LFF SATA；硬盘类型：LFF SATA；内部硬盘位数：4 LFF；磁盘阵列卡 HP Dynamic Smart Array B120i Controller；光驱：DVD–RW；显示设备：22" 液晶显示器
3	系统集成平台软件	1	套	集中监视关键设备和关键点；物理上集成控制各子系统；自动采集各子系统的状态信息；提供各子系统历史和当前状态的报告；提供准实时的系统间联动功能；实现各子系统间协调优化运行
4	安全防范综合管理平台软件	1	套	集中监视关键设备和关键点；物理上集成控制各子系统；自动采集各子系统的状态信息；提供各子系统历史和当前状态的报告；提供准实时的系统间联动功能；实现各子系统间协调优化运行
5	信息化应用系统接口	1	套	系统接口开发及管理套件
6	信息发布系统接口	1	套	系统接口开发及管理套件
7	公共广播系统接口	1	套	系统接口开发及管理套件
8	酒店客房控制系统接口	1	套	系统接口开发及管理套件
9	建筑设备监控系统接口	1	套	系统接口开发及管理套件
10	建筑能耗监测系统接口	1	套	系统接口开发及管理套件
11	智能照明系统接口	1	套	系统接口开发及管理套件
12	安全防范系统接口	1	套	系统接口开发及管理套件

续表 8–20

序号	设备名称	数量	单位	主要技术规格
13	视频监控系统接口	1	套	系统接口开发及管理套件
14	出入口控制系统接口	1	套	系统接口开发及管理套件
15	入侵报警系统接口	1	套	系统接口开发及管理套件
16	电子巡更系统接口	1	套	系统接口开发及管理套件
17	停车场控制管理系统接口	1	套	系统接口开发及管理套件
18	访客对讲系统接口	1	套	系统接口开发及管理套件
19	无障碍紧急呼叫系统接口	1	套	系统接口开发及管理套件
20	火灾报警及联动系统接口	1	套	系统接口开发及管理套件
21	协议转换器	4	台	—

8.21.1　统计依据

智能化集成系统以图 5–51 为例，进行设备清单统计。

8.21.2　重点解析

1）按照系统图，其分为安全防范综合管理和系统集成两部分从属关系，故计入 2 台工作站、2 台服务器、1 套集成平台软件、1 套安防管理平台软件。

2）按照系统图中各系统计入接口。

3）根据各系统中采用总线制的系统数量，一对一设置协议转换器。